驴 病 学

刘文强 张 伟等 著

中国农业出版社

北 京

电泳学

卢圣栋 主编

中国农业出版社
北京

主　著　刘文强　张　伟

副主著　刘清政　郭　晶

著　者（按姓名笔画排序）

　　　　于　杰　王振涛　孔　雷　刘文强　刘清政

　　　　孙爱军　李　强　李在建　何　飞　张　伟

　　　　张　敏　张再辉　张志平　赵　霞　秦绪岭

　　　　郭　晶　黄迪海　彭永刚　褚秀玲　樊瑞锋

前　言

我国是传统的驴养殖大国，具有较为完善的现代驴产业链条，在全球驴产业中有举足轻重的地位。随着养殖模式从传统的个体散养发展到规模化的集中饲养，驴病发生的可能性不断增大，驴病的发生、发展呈现出很多新规律。在此背景下，驴病研究逐渐成为兽医学科的热门领域。然而，当下的驴养殖产业对驴病的认识大多数基于马病学相关内容，生产中急需一部涵盖驴病研究最新进展和防控实践经验的专业著作，故撰写了本书。

本书是由山东省农业科学院张伟研究员和聊城大学刘文强教授共同组织撰写的一本驴病学专著。本书共9章：第一章为绪论，第二章为驴病学的研究进展，第三至七章分别介绍驴的病毒病、细菌病、真菌和衣原体病、寄生虫病、普通病，第八章介绍驴场建设和生物安全，第九章为驴场兽医管理。

本书遵循"科学、专业、易懂、实用"的原则，综合国内驴病的最新动态，做到既反映本学科已有的研究成果，又覆盖学生应掌握的专业知识。本书具有以下特点：

第一，目标明确，主题突出。本书主要面向动物医学专业本科生和畜牧兽医专业专科（高职）学生，以疫病防控为主要目的，围绕驴产业健康发展，囊括了驴的主要传染病、寄生虫病和普通病等内容。

第二，理实结合，适用面宽。本书理论与实践相结合，既注重知识的专业性，又关注专业知识的实践运用。既可作为相关专业的高等农业院校师生和科研院所研究人员的学习参考教材，也可作为规模化养驴场兽医的指导用书。

第三，简明扼要，可读性强。本书对驴病的介绍通俗易懂、科学实用，掌握本书对各种驴病乃至马属动物疫病的诊断及防治具有重要意义。

　　本书在撰写过程中得到了山东省农业科学院、山东省畜牧总站、聊城市农业农村局、东阿阿胶股份有限公司等单位的支持，以及中国农业大学、中国农业科学院哈尔滨兽医研究所、山东农业大学、河南农业大学、沈阳农业大学等高等院校专家同仁的指导，得到了聊城大学规划教材建设项目（驴病学 JC202003）、山东省驴产业技术体系（SDAIT－27）、山东省高水平应用型重点立项建设专业——动物医学（3112309）等项目的资助，在此一并表示衷心的感谢。

　　由于时间仓促及编写人员水平所限，书中疏漏之处在所难免，恳请广大读者在使用过程中提出宝贵意见。

著　者

2024 年 7 月

目　录

前言

第一章　绪　论

第一节　驴的起源与驯化

一、进化与驯化史

根据迄今为止所发现的化石研究推断，马属动物起源悠久，以马、驴、斑马等为代表的现代马属动物（equine animal），起源于中生代后期的爬行动物，其大致进化路径是：始祖马（5 800 万年前，始新世早期）→渐新马（4 000 万年前，渐新世）→草原古马（2 000 万年前，中新世）→上新马（530 万年前，上新世初期）→分化出真马和野驴（300 万年前，早更新世），接下来的时间，在不同的生态环境中经历快速的辐射进化。在近 6 000 万年的进化中，曾产生过 18 个属，但目前只剩下 1 属：马属（*Equus*），6 种：家马（*Equus caballus*）、普氏野马（*Equus przewalskii*）、斑马（*zebra*）、家驴（*Equus asinus*）、亚洲野驴（*Equus hemionus*）、非洲野驴（*Equus africanus*）。

家驴和野驴之间的杂交在整个驯化过程中持续存在。研究表明，非洲野驴是家驴的祖先，非洲野驴可分为 2 个家族，一支是努比亚野驴（*Equus asinus africanus*），主要分布在苏丹和埃及；另一支是索马里野驴（*Equus asinus somaliensis*），主要分布在埃塞俄比亚、索马里和厄立特里亚。努比亚野驴和索马里野驴这 2 个野生驴亚种都对现代驴的进化发展发挥了作用。目前，努比亚野驴和索马里野驴数量稀少，被国际自然保护联盟（International Union for Conservation of Nature，IUCN）濒危物种红色名录归类为极度濒危物种。

驴的生态类型繁多，但种群整体进化较为稳定，始终保持着其固有的遗传稳定性、生态适应性、基因多样性和品质纯正性。在近 100 万年里，非洲野驴一直生活在非洲东北部，受第四纪冰期影响较小。人类的游猎使不同的野驴相互迁移、混杂，原始的选择使之定向，最终被驯化，帮助人类从事农业生产。国内学者王长法教授指出，野驴首先在非洲东北部被人类驯化成家驴，然后在距今 3 500 至 7 000 年前迁移到埃及和西非，在距今 2 000 至 5 000 年前，一些驴从埃及迁移到欧洲、中亚及东亚地区。

目前，考古学者发现最早被驯化的驴骨，来自开罗附近的马迪遗址（塔斯亚巴达里文化晚期与阿姆拉特文化早期）。2011 年 1 月，我国在陕西蓝田新街遗址发现了一具完整的驴骨（仰韶文化晚期与龙山文化早期）。据《史记·匈奴列传》《吕氏春秋》《盐铁论》等古籍记载，早在唐尧、虞舜时期，我国北方及西部少数民族就有饲养驴、骡的历史。在殷商时期，驴被视为难得的珍贵动物豢养于宫廷，作为奇兽贵畜供王公贵胄观赏娱乐。秦始皇统一中国后，中亚、西亚地区的驴、骡更容易进入内地。西汉张骞出使西域后，随着连接地中海沿岸国家的商贸交易畅通，大批驴、骡也沿着丝绸之路随之而来。至唐代，驴的驯养已普及中原各地，成为主要役畜之一。

二、驴的遗传资源保护与利用

按照动物分类学分类：

动物界　Animal kingdom

　脊索动物门　Chordata

　　脊椎动物亚门　Vertebrata

　　　哺乳纲　Mammalia

　　　　真兽亚纲　Eutheria

　　　　　奇蹄目　Perissodactyla

　　　　　　马型亚目　Hippomorpha

　　　　　　　马科　Equidae

　　　　　　　　马亚科　Equinae

　　　　　　　　　马属　*Equus*

　　　　　　　　　　驴种　*Equus asinus*

作为家畜遗传资源的重要组成部分，驴的遗传资源十分丰富。据统计，全世界约有 155 个驴品种，但是对种质资源保护不够，其中 128 个驴品种处于濒危状态。在我国不同的生态环境、社会经济条件等客观因素影响下，自然选择造就了各具特色的地方品种。根据 2021 年第三次全国畜禽遗传资源普查，《国家畜禽遗传资源品种名录》（2021 年版）载入了 24 个驴的地方品种，广泛分布于荒漠高原、丘陵、山区、平原地区，覆盖了国土面积 100 万 km^2 以上，其主要产区在北纬 33°～46°。根据自然分布区域、生态条件及体型的不同，大致可将我国驴品种分为三大类：

小型驴（体高 110 cm 以下、体重 130 kg 左右），主要分布于我国西北、华北等地区，品种以新疆驴、凉州驴、青海毛驴、西吉驴、川驴、云南驴、西藏驴、太行驴、库伦驴、陕北毛驴、淮北灰驴和苏北毛驴为代表。

中型驴（体高 115～125 cm、体重 180 kg 左右），主要分布于我国华北地区，品种以佳米驴、泌阳驴、庆阳驴、阳原驴和临县驴为代表。

大型驴（体高 130 cm 以上、体重 260 kg 左右），主要分布于黄河中下游的平原地区，品种以德州驴、关中驴、晋南驴、广灵驴、长垣驴、田青驴和吐鲁番驴为代表。

小型驴体型小巧、体质强健、肌肉发达、四肢有力，能够很好地适应粗糙的食物，耐受寒冷、风沙等恶劣环境，显示出极强的生存适应能力。大、中型驴胸宽背直，身躯圆润如桶，臀部倾斜短小，四肢强健有力，蹄质坚硬耐磨，展现出卓越的耕作与负重能力。其中，德州驴、关中驴、广灵驴、泌阳驴和新疆驴被称为"中国五大优良驴种"。在此，需要讲一下马和驴的种间杂交种——骡（*Equus ferus × asinus*）。据《史记·匈奴列传》记述，在唐尧、虞舜时期之前，山戎、猃狁等北方部族和西部地区少数民族已习惯随牧而居，他们的主要牲畜为牛、羊和马，而驴、骡则被视为较为特殊的种类。由此可以推断，中国北方饲养驴和骡的历史至少可以追溯至约 4 500 年前的原始社会末期。从商代延续至春秋战国时期，骡逐渐普及。《吕氏春秋·爱士》中有关于"赵珍骡记"的记载，赵国的赵简子极其珍爱他所拥有的两匹白骡。骡体质强健，对疾病的抵抗力强，展现出超越马和驴的卓越负重与牵引能力，尤其在地形多变、条件艰苦的山区，骡凭借其非凡的适应能力和耐力，成为人们不可或缺的得力助手，赢得了人们的赞誉与喜爱。

骡身体结构与体态大小往往更接近其母系。其中，由公驴（62 个染色体）和母马（64 个染色体）所生的杂种为马骡（简称骡），由公马和母驴所生的杂种为驴骡。

骡染色体数目为 63 个，因为没有稳定的繁殖能力，所以不能算是一个物种，但有生物分类。理论上讲，作为种间杂种的骡，母骡与公骡交配产驹的概率为 1/262，只有极少数个体是具有生育能力的。可育的成年母骡与公马或公驴交配可生下后代（B1），当用公驴回交时所生 B1 仍具有骡的典型外貌特征，也是不育的；当用公马回交时所生 B1，不仅在体型外貌上都与马完全相同，而且不论雌雄都是可育的，B1 生下的 B2 完全是马的外貌和体格特征。

骡作为生物杂交优势的例证，生命力和抗病力强，役用价值比马和驴都高，其寿命可达 30 年、使役可达 20 年以上，以其卓越的体力与适应力在农区及半农半牧区扮演重要役畜角色。骡充分展示的杂种优势，在特定的领域展现出改良畜群、增强生产力的潜力，启发人们研究探索与合理利用生物的多样性。

第二节　驴产业在国民经济中的地位与作用

一、驴的社会经济价值

在人类文明史上，驴一直是驮、挽的重要役畜，服务于人类的生产和生活，为农耕文明作出了巨大贡献。至今，在典型的半丘陵山区，特别是在一些偏远地区，驴仍作为役畜挥重要作用，民间有"十驴九行"的俗语形容其勤勉。驴早已与人类社会和文明融为一体，成为吃苦耐劳、甘于奉献的文化象征。

驴为中国的中医药和美食文化奉献了特殊价值，对中医饮食滋补的养生理念有所贡献。人们常言"食药同源""食补同源"，明代著名医药学家、药圣李时珍所著《本草纲目》记载，驴肉味甘、性凉、无毒，可解心烦，止风狂、补血益气，治远年劳损。驴肉本身具有"三高""三低"的特点，即高蛋白、高必需氨基酸、高必需脂肪酸，低脂肪、低胆固醇、低热量。驴肉富含不饱和脂肪酸，是高血压、肥胖症、动脉硬化等患者和老年人的理想肉食来源。民间流传着有关驴肉的俗语，如"天上龙肉，地上驴肉""欲求长寿食驴肉，追求健康品驴汤，享用驴肝肺，有望百岁寿""要健康，喝驴汤；想长寿，吃驴肉""吃了驴肝肺，能活一百岁"……这些民间俗语折射出自古以来人们对驴肉的喜爱和养生认知。

驴的全身上下都是宝，蕴含着丰富的医疗保健价值。驴皮是"国药瑰宝"阿胶的主要原料，具有补血、止血、抗休克、增强机体免疫力等功效。资料显示，驴奶中维生素 C、硒含量分别是牛奶的 5 倍和 8 倍，乳清蛋白含量超出牛奶 50%，而胆固醇含量仅为牛奶的 1/5，是糖尿病、高血压患者的首选饮品。驴骨中富含的骨胶原，"牡驴骨煮汁服，治多年消渴"（《本草纲目》）。驴血中含有丰富的蛋白质、微量元素和其他一些生物活性物质，被称为"液体肉"，是国家中药"二十五味驴血胶丸"的主要成分。"敷恶疮、疥及风肿"（《日华子诸家本草》），驴脂可治咳嗽、耳聋、疥疮等。驴阴茎，性温，强阴壮筋，具有益肝补肾、强壮筋骨的功效。驴蹄甲具有解毒消肿之功效，常用于痈疽疮疡防治。

二、国外驴产业的发展现状

在人类社会现代化文明进程中，驴作为役用的生产属性逐渐减弱，逐步向食药、娱乐等经济属性转变。目前，驴的主要栖息养殖地在非洲、亚洲及美洲地区，相比之下，欧洲的驴数量较少。总体上，驴的分布呈现出与地区发展水平的逆向关系，即经济越发达的地区，驴的养殖（存栏）数量往往越少。

在埃及、埃塞俄比亚、尼日尔和布基纳法索等非洲地区，驴至今仍在畜用、役用。受宗教信仰的影响，这些国家严格规定不得宰杀驴，即便是自然死亡，也不允许食用。

在北美洲的墨西哥以及南美洲的智利、秘鲁、哥伦比亚、玻利维亚等国家，驴除了作为劳役和交通工具之外，驴奶也是当地居民生活中必不可少的饮品，这些国家还会例行举办骑驴竞赛以展示驴的重要性。如墨西哥每年都会举办盛大的"驴世界杯"赛事，彰显了驴的独特地位和价值。

在印度、巴基斯坦、阿富汗、哈萨克斯坦、乌兹别克斯坦等亚洲地区，驴作为役畜被用于拉车、耕地、驮载等，这些地区也有饮用驴奶的传统。但在哈萨克斯坦、乌兹别克斯坦等中亚国家并不食用驴肉。

在欧美发达国家，驴主要用来休闲娱乐。在美国，驴主要作竞赛和娱乐用，美国还曾育有世界最高的驴（美国猛犸驴，又称德里克驴，身高 173 cm）。在意大利，驴是体育竞技的组成部分，每年会定期举办赛驴活动，一些地区也有吃驴肉、喝驴奶的习惯。在英国，驴常常被作为伴侣动物进行饲养，并且大力倡导驴的福利。

三、我国现代驴产业的发展现状

（一）规模化养驴成为特色畜牧新兴产业

我国是传统的驴养殖大国，历史上驴养殖数量曾占世界驴总量的 15% 左右，在全球驴产业中有着举足轻重的地位。世界上没有一个国家像我国这样具有相对完善的现代驴产业链条，包括以饲养繁育为基础的养殖业，以驴肉、驴奶等为主要产品的传统畜产品加工业，以驴皮、驴骨、驴脂等生物制品为主的创新型技术密集产业。集养殖、屠宰加工、驴皮等副产品精深加工于一体的全产业链总体规模在我国以千亿元计，随着下游阿胶、孕驴血清等高端保健产品市场的繁荣，驴养殖业将迎来更大的发展空间。

2020 年农业农村部发布的《国家畜禽遗传资源目录》，首次明确了 33 种家畜家禽种类，驴作为传统畜禽被列入其中。随着我国畜禽养殖产业的调整，现代驴产业展现出促进农牧循环和乡村产业振兴等多种重要功能。为适应市场需求变化，山东、河北、内蒙古、辽宁、甘肃、新疆等省份将驴产业纳入"调结构、促增长"的重点产业，相继出台政策措施予以支持，通过打造驴产业的价值链，成为助力乡村振兴的典范新质生产力。

（二）驴产业的高质量发展亟须多点发力

长期以来，驴在畜牧业生产中受重视程度不够。从事驴产业研究的科技力量相对薄弱，国家重大科技计划、国家现代农业产业技术体系、良种补贴等科技项目均未将驴列入。目前，养驴的规模化、组织化程度与牛羊等相比都较低，散养仍然是主要模式，规模化养驴场仅占约 5%。国内外对母驴生殖生理研究较少，繁殖技术总体落后，缺乏高效的饲养技术和科学的管理方法，饲料报酬和出栏率低、运输保鲜等技术问题制约了驴产业的快速发展。

繁殖力低是制约养驴业大规模发展的主要因素。母驴发情表现、个体间排卵间隔差异较大，最佳配种时间不易掌握，致使基层繁育驴群体配种率、产驹率不高。正常母驴 2.5 岁配种、3 年 2 胎、每胎 1 驹，妊娠期 360 d 左右，繁殖效率低直接限制现有驴群的扩繁速度。受限于驴本身的生殖特性，一个存栏为 1 000 头母驴的饲养场，依靠自繁约需要 12 年才能达到 10 000 头规模。

生产性能无法满足现代畜牧产业的发展需求。在以往的畜牧科技发展史上，很少对驴进行专门化的系统选育，基本都是自然选择的结果。20 世纪 90 年代以来，驴的种质资源退化、流失、混杂严重，皮、肉或乳等生产性能有待提升，亟须生长发育快、繁殖力强等生产性能好的品种，而一个新品种的常规培育时间至少需要 20 年。目前，许多地方驴品种处于濒危状态，虽然在原产地建立了遗传资源保种场和保护区，但由于养驴经济效益低，亟须国家加大支持和保护，加大开发的力度。

驴产品的综合开发利用水平还有待提升。驴屠宰加工企业普遍规模偏小，私屠滥宰现象普遍，设备简陋、技术含量低，宰后品质参差不齐；驴肉产品相对单一，缺乏成熟的屠宰标准和分级分割标准，驴产品多样化和精细化分割程度低；驴骨、驴脂、驴乳、驴血、驴胎盘和驴鞭等副产品精深加工和活性物质的提取工艺有待研究开发；保健产品研发滞后，整个驴产品市场除了阿胶制品外缺乏发展动力，利润空间有限。

驴养殖数量的逐年下降严重威胁到驴产业的健康可持续发展。随着现代农业机械化的发展，我国驴存栏量从 20 世纪 90 年代初的 944.4 万头减少到 2023 年初的 173.5 万头。30 年来，驴的存栏量减少了 80%，而且还在以每年约 20 万头的数量递减。日益增加的消费需求与日渐减少的驴数量之间的矛盾不断加剧，建设规模化养驴场迫在眉睫。

（三）驴产业的发展趋势

驴产业未来必须走规模化、集约化的发展之路。在养殖模式上，大力发展小区、大户集中饲养的适度规模化、标准化养殖模式，形成养殖规模小但区域群体大的态势。建议在发展模式上，将短期育肥模式转变成可持续发展的基础母驴繁育模式，大力推广应用人工授精及胚胎移植等技术。

驴产业必须走标准化、优质化的品质之路。聚力养殖生产、屠宰加工等方面的质量标准制定和高端驴肉等生物制品的开发，为现代消费市场提供安全、稳定、质量均一的产品，促进一二三产业的融合发展。建议研发成熟的标准化饲养配套技术体系，尤其是在驴的精准饲养和规范化管理等技术方面，为产业提质增效、健康可持续发展保驾护航。

驴产业必须走活体综合开发利用之路。驴产业发展呈现新的趋势，产品消费量及增长速度直接决定了驴产业的发展前景，其功能与作用也逐步转变。建议利用地方驴优良品种的遗传资源，培育新的肉用、药用、乳用或兼用品种，利用驴高效繁育技术培育新品种（品系）势在必行。

驴产业的健康发展必须培育规范、公平、诚信和成熟的交易市场。目前，我国驴产业地域发展不平衡，主产区主要集中在西北和东北地区，但驴肉消费却主要在东部地区及南方的大中城市。由于交易驴的信息不畅，驴源体况参差不齐，以次充好现象普遍。建议在相关法律法规和产业政策的约束下，在专业人士、媒体等社会资源的共同推动下，规范行业自律和交易行为，培养对驴产品的消费认知和消费习惯。

第二章 驴病学的研究进展

第一节 驴病学的研究意义

马和驴同属异种，由于在使用性质及养殖模式上的不同，驴病方面可借鉴和参考马的相关研究成果有限。在传统的分散个体饲养模式下，驴主要发生普通病和寄生虫病，传染病较少。在频繁动物流动以及动物产品交易国际化的背景下，无法避免也不能忽视驴病，特别是传染病的威胁。

据世界动物卫生组织（World Organisation for Animal Health，WOAH）报道，每年世界许多国家都会发生不同强度的马属动物疫情，甚至部分成了地方流行性疫病。我国每年都从国外进口大量的驴皮、赛马和宠物马，国外疫区的非洲马瘟、西尼罗河热和马脑脊髓炎等多种烈性传染病可能由此进入我国。在养驴业比较集中的地区，由于病原微生物的聚集、传入和传播，发生地方性流行疫病的可能性是存在的。规模化养驴模式下疫病一旦流行，必将会给驴养殖造成严重的经济损失，而疫病治疗涉及抗生素等药物的使用，又将给驴肉、驴奶等产业带来食品安全隐患和公共安全的信任危机。

长期以来，驴大多作为役畜使用，受经济发展、民族风俗等因素的影响，国内外有关驴病的研究远远落后于其他畜禽。欧美发达国家多集中对马的营养与代谢性病、肢蹄病及普通外科病方面进行研究，针对驴的疫病防控以及专属生物制品方面的研究缺失。要吸取其他动物在养殖发展过程中应对疫病流行的经验教训，开展对规模化养驴场主要疫病基础性和前瞻性的研究，以应对突发性传染病所带来的威胁，为驴产业的健康发展提供技术支撑。

第二节 驴病学领域的研究进展

一、驴的本身特性

体型结构：与马相比，驴展现出较为纤瘦的体态，躯干较短，胸部稍窄，体高和身长大体相等，呈正方形，四肢细长，腿短而粗，前腿带有附蝉标志（俗称"夜眼"），脚下生有窄高且形似拱桥的蹄子，尾巴短稀（无浓密被毛），臀部短而倾斜呈屋脊状。驴的头一般为直头型，头长一般为体高的 40% 左右，耳朵细长、耳距短、耳根硬而有力，颈部无鬃毛，有少见的鬐甲隆起。解剖结构上，驴一般有 5 个腰椎（马有 6 个），腰椎横突短厚坚固，腰部结构决定了其非常适合负重的特点，民间俗语"上坡骡子平川马，下坡驴子不用打"就很好诠释这一点。在食物充沛、营养充足的情况下，驴会在颈部、胸前、背部及腹部等区域积累脂肪。

饮食：驴饮水量小，在冬季每日耗水量约占体重的 2.5%，夏季每日耗水量约占体重的 5%，最多饮水量为体重的 25%～35%，体内的水分含量大约占其总体重的 65%；驴采食量不大，最大干物质摄入量（DMI）为体重的 3% 左右，同体型的驴仅相当于牛食量的 1/4～1/3，马食量的 60%～70%；驴每消耗 1 kg 的干草需要咀嚼超过 2 000 次，以确保把饲料降解成 1.6 mm 长的碎片，摄入长干草的速率［每单位代谢体重（MBW）的采食量（kg）］比牛、羊快 3～4 倍。驴的采食方式不会严重破坏耕地和草地植被，而其他草食动物一般用唇卷住草后，基本从根上将草切断，甚至连根拔起。

生殖生理：驴的发情周期相对稳定，通常为 22～25 d，发情持续期为 7～14 d，发情期主要集中在每年的 2—8 月，其中 4—7 月为其发情高峰期。通常情况下，经产母驴的发情持续期较短，青年母驴和小型驴的发情持续期较长，而大型驴的发情持续期相对较短。驴的妊娠期为（360±20）d（马约为 11 个月），通常每次产驹数为 1 头，双胞胎极为罕见，仅约 1.7% 的驴孕期会有双胞胎出生，且其中仅有约 14% 的情况下均能存活。幼驹出生时身高能达到成年驴的 60% 以上，体重约为成年驴的 10%，青年驴在 1.5～2 岁时即达到性成熟阶段。

二、驴的消化系统

驴的消化系统主要包括口腔、食道、胃和肠道。消化道自胃以下到肛门的部分被称为肠，包括小肠（十二指肠、空肠和回肠）和大肠（盲肠、大结肠、小结肠和直肠）。食物从口腔开始进入，随后经过食道抵达胃部（约占整个消化道容量的 9%），接着进入小肠（约占 30%）、盲肠（约占 16%）、结肠（约占 38%）以及最后的直肠（约占 7%）。

经过 24～35 h 的消化过程后，未被吸收的食物残渣以粪便的形式从肛门排出体外。

驴消化系统疾病的发病占其内科疾病的一半以上，这与驴消化道的解剖生理特点有关。驴的肠道结构存在不均匀性特征，在回盲部、盲结口以及结肠起始部分相对较为狭窄，直径仅为 5～6 cm，大结肠直径可达 30 cm 以上，而上与回肠相接的回盲口和下与结肠相通的盲结口较小，饲养不当会引起肠道梗死，引发结症。作者课题组通过对 25 头成年德州驴屠宰检测，小肠长度为（12.6±1.6）m，大肠长度为（4.8±0.3）m。

驴属单胃后肠发酵的草食动物，机体所需 60%～70% 的能量都由盲肠和结肠吸收的挥发性脂肪酸提供。驴的胃相对较小，容积 8～15 L，占消化道容积的 8%～10%，食糜在胃中停留的时间为 3～4 h，胃排空速度快，当胃容量达到 2/3 时，胃内容物就不断排至肠道中，因此应按照"少食多次"的原则，定时定量、少喂勤添。驴的胃贲门括约肌发达而呕吐神经不发达，所以不宜饲喂易酵解产气的饲料，避免造成胃扩张和胃破裂。值得注意的是，驴胃中的食糜会呈现分层状态进行消化。因此，在采食过程中应避免大量饮水，以防破坏这种分层结构，使未经充分消化的食糜过早地冲入肠道，影响整体消化效率。

同马相比，驴的口裂小，采食慢，整体消化能力要高 20%～30%。驴较耐粗饲，对粗纤维的消化率比马高出约 30%，"寸草铡三刀、无料也上膘"。肠道是食物消化吸收的主要场所，最大容积可达 160 L，一般肠内容物的总体积很少超过最大容量的 1/3。小肠是饲料消化的主要场所，50%～70% 的营养在这里被吸收，是消化酶发挥作用的主要位置，来自肝脏（无胆囊）的胆汁和胰腺的胰液汇入，将食物中的营养物质进一步分解。在十二指肠，胆汁、胰液和肠壁分泌的酶会将淀粉和其他可溶性碳水化合物分解为葡萄糖，蛋白质分解为氨基酸，脂肪分解为脂肪酸和甘油。空肠是小肠最长的部分，食糜的化学分解在这里完成，葡萄糖、氨基酸、脂肪酸、甘油、维生素和矿物质在空肠被吸收进入血液循环，被细胞利用或储存在肝脏中。回肠的主要功能是吸收营养物质和控制部分消化的食物进入盲肠。食糜通过小肠的时间为 40～180 min，通过小肠的时间越长，被吸收的营养物质越多，食物发挥的价值越大。

盲肠是马属动物营养物质消化的重要器官，也是微生物发酵、分解、消化日粮纤维的主要场所，素有"发酵罐"之称。微生物降解或发酵的终产物——挥发性脂肪酸被大肠黏膜吸收，满足其能量需求，没有在小肠内被分解的淀粉和糖会分解成脂肪酸而不是葡萄糖（只能通过糖异生过程产生葡萄糖）。微生物也可降解蛋白质，但是降解产生的氨基酸不能被完整吸收，微生物降解蛋白质产生的氮和碳骨架，可以被身体利用或以氨的形式排出。盲肠对纤维素的消化利用与反刍动物瘤胃相比相差 1 倍以上，对饲料中蛋白质的利用与反刍动物接近，对饲料中脂肪的消化能力仅相当于反刍动物的 60%，因而饲喂驴应选择脂肪含量低的饲料。

三、驴病临床表现的差异性

驴本身具有热带、亚热带动物共有的特征和特性，天性聪敏、性格温驯、耐热、耐饥渴、喜干燥，不适宜长期生活在潮湿的环境中（湿度要控制在70%以下）。驴抗脱水能力强，当脱水达体重的25%～30%时，仅表现为食欲减退，且一次饮水即可补足所失水分。

驴和马同为马属动物，因此在大多数疾病表现上都较为相似，但是在个别疾病上不像马一样表现强烈的反应，在一些内科、外科及传染病上表现都相对较为迟钝。例如，急性胃扩张多发生于马，驴较少发生；驴对马媾疫的耐受性比马强，常为无症状携带者；马对非洲马瘟、马传染性贫血的易感性最高，骡、驴依次降低；驴对日射病或者是热射病表现得非常迟钝，甚至不表现任何症状；驴对霉玉米中毒特别敏感，同槽饲喂的马和驴，驴常先发病；驴对疝痛临床多表现缓和，马则明显；驴对马鼻疽敏感，多呈急性感染，感染后很容易引起败血症或脓毒败血症从而导致死亡；相较于马，驴更喜频繁地躺下休息，其正常体温通常比马低1℃。

四、常用的诊断观察方法

有关驴病的诊断方法同其他家畜一样，包括现代兽医学的实验室检查和视、触、听、叩以及中兽医的望、闻、问、切等方法，凡兽医临床诊断学方面的有关知识及方法均可使用。

体况检查主要针对体温、脉搏和呼吸等健康指标，重点从外表、精神状态、饮食和粪便等方面进行观察比较，主要有以下几个内容。

检查驴的皮肤、被毛、体表淋巴结和结膜。检查皮肤温度一般在耳部、胸侧及四肢进行。检查皮肤弹力在颈部进行。触诊重点检查驴的下颌淋巴结，下颌淋巴结肿胀，常见于马腺疫、马鼻疽等。观察被毛是否平整、富有光泽。观察结膜颜色：结膜苍白是贫血的表现，常见于外伤大出血、肠道寄生虫病和营养性贫血等慢性消耗性疾病；结膜潮红是充血的表现，常见于眼的外伤、结膜炎及各种急性热性传染病；结膜发绀是血液中还原血红蛋白增多造成的，常见于肺炎、心力衰竭等；结膜黄染是胆红素增多造成的，常见于肝胆疾病、钩端螺旋体病及某些中毒病等。

观察驴的精神状态。驴头颈高昂，精神抖擞，两耳竖立，活动自如，口色鲜润，鸣声长而洪亮，时而喷动鼻翼，即打"吐噜"，俗话说"驴打吐噜牛倒沫，有病也不多"。驴进食草料时咀嚼有力，发出"格格"的响声，如食欲减退、精神沉郁则提示驴已生病。

观察驴的饮食情况。有统计数据，驴每 100 kg 体重每天需饮水 5～10 kg，饮水的多少对判断驴是否患病具有重要意义。驴的需水量一般是风干饲草摄入量的 2～3 倍，驴吃草少而饮水多则无病，若采食量不减而连续数日饮水减少或不喝水，则表明驴已生病。如因腹泻导致脱水时，补充水可输注复方氯化钠溶液、5%的葡萄糖生理盐水。脱水严重时，起初每小时可补液 5 L 以上，输液 2～3 h 后减半。补液数量以红细胞压积容量值恢复正常水平为适度。

观察驴粪便的性状，粪球的润滑度、质量等。驴正常情况下每 2～3 h 排便 1 次，粪球硬度适中，外表湿润光亮，新鲜时为草黄色，时间稍久变为褐色。若粪便呈球状，硬度适中，外表湿润光亮则无病；反之，如果粪球干燥、紧硬、外被少量黏膜，可能胃肠消化道有炎症存在。

五、常用的保定检查方法

常用的保定方式：徒手保定、鼻捻子保定、四柱栏保定和化学药物保定。其中，鼻捻子保定是借助绳套将驴唇套入，通过捻动鼻捻棒，使绳紧紧勒住驴唇；四柱栏保定是先将前挡板栏杆装好，然后将驴从后柱栏牵入，再装上后挡板栏杆以防后退，固定缰绳以防止驴向前跳出柱栏外。注意保定时应从驴的左侧前方靠近，禁止从驴的后躯方向靠近，防止后躯猛转弯踢人，注意个别的驴有前蹄扒人的坏习惯，右手从颈侧逐渐向胸侧抚摸，让其逐渐安静。

常用的直肠指诊检查：在柱栏内将驴站立保定，系尾并吊立，术者站于正后方，右手手臂套上橡胶长臂手套，涂抹液状石蜡，四指聚拢呈圆锥状，按照"努则退、缩则停、缓则进"原则旋转前伸，即可通过肛门进入直肠，在盆腔处可触到膀胱和子宫，通过触摸膀胱和子宫的状态，来判断器官的健康状况。沿子宫颈向前触摸，在正前方摸到一浅沟即为角间沟，沟的两旁为向前向下弯曲的两侧子宫角。沿着子宫角大弯向下稍向外侧可摸到卵巢。这时可用食指和中指把卵巢固定，用拇指肚触摸卵巢判断其大小、质地、形状和卵泡发育情况。在直肠内触摸时动作要缓慢，要用指肚进行，不能乱抓以免损伤直肠黏膜，强力努责时应暂停检查，可用手揉搓按摩肛门，待肠壁松弛后再继续检查。

六、临床治疗药物

（一）抗生素及抗菌药物

1. β-内酰胺类抗生素

作用于细菌菌体内的青霉素结合蛋白，使菌体膨胀、裂解，同时借助细菌的自溶酶溶解而产生抗菌作用。

（1）青霉素类

窄谱青霉素类：青霉素钠、青霉素钾、普鲁卡因青霉素、苄星青霉素和青霉素 V 钾等，抗菌弱，不宜用于严重的感染。耐酶青霉素类：苯唑西林、氯唑西林等，主要用于耐青霉素的金葡菌的感染。广谱青霉素类：氨苄西林、阿莫西林、海他西林和羧苄西林等，此类青霉素类药物耐酸力强，口服吸收效果好。抗铜绿假单胞菌广谱青霉素类：哌拉西林、阿洛西林、替卡西林和阿帕西林等。抗革兰氏阴性杆菌青霉素类：美西林、匹美西林等。

（2）头孢菌素类

代表药物包括第一代头孢菌素的头孢唑林、头孢拉定、头孢氨苄、头孢羟氨苄等；第二代头孢菌素的头孢呋辛、头孢孟多、头孢替安等；第三代头孢菌素的头孢三嗪、头孢唑肟、头孢曲松、头孢他啶、头孢噻呋、头孢噻肟等，与前二代相比抗菌谱更广，抗菌活性更强，特别是对于 G^- 杆菌，其中，头孢噻呋、头孢喹肟为动物专用；第四代头孢菌素的头孢吡肟、头孢匹罗、头孢唑南等，用于对其他抗生素耐药的细菌引起的严重感染。

（3）非典型 β-内酰胺类

青霉素类抗生素与头孢菌素类抗生素之外的 β-内酰胺类抗生素。头霉素类：头孢西丁、头孢美唑、头孢替坦、头孢米诺、头孢拉宗等。单环 β-内酰胺类：氨曲南、卡芦莫南等。碳青霉烯类：亚胺培南、美罗培南、帕尼培南、法罗培南、厄他培南、比阿培南、多尼培南等。氧头孢烯类：拉氧头孢、氟氧头孢等。目前以上没有兽用药。

（4）β-内酰胺酶抑制剂类

代表药物有克拉维酸、舒巴坦、三唑巴坦和他唑巴坦等。因细菌内会产生 β-内酰胺酶，当应用青霉素、头孢菌素类药物时常会出现耐药性，可应用 β-内酰胺酶抑制剂。

2. 大环内酯类

代表药物有红霉素、泰乐菌素、替米考星、泰万菌素、泰拉霉素等。可用于青霉素过敏替代治疗，广泛用于治疗呼吸道感染。

3. 林可酰胺类

代表药物有林可霉素和克林霉素类等。主要用于厌氧菌引起的口腔、腹腔和生殖道感染，治疗需氧革兰氏阳性球菌引起的呼吸道、骨、软组织、胆道感染及败血症、心内膜炎等，是金黄色葡萄球菌引起的骨髓炎首选药。

4. 多肽类

万古霉素类：万古霉素、去甲万古霉素、替考拉宁等。多黏菌素类：多黏菌素 B、黏菌素 E、多黏菌素 M、黏菌素等。杆菌肽类：杆菌肽等为代表多肽类药物。多肽类药物用于严重革兰氏阳性菌感染如败血症、心内膜炎、骨髓炎、呼吸道感染等，对 β-内酰胺类过敏的患驴，口服给药可治疗假膜性结肠炎和消化道感染。

5. 氨基糖苷类抗生素

代表药物有天然来源的链霉素、庆大霉素、妥布霉素、卡那霉素和半合成的阿米卡星、奈替米星、依替米星、异帕米星等。其中，兽医常用品种有链霉素、卡那霉素、新霉素、庆大霉素、大观霉素和安普霉素等。主要用于敏感需氧革兰氏阴性杆菌所致的全身感染，如脑膜炎和呼吸道、泌尿道、皮肤软组织、胃肠道、创伤及骨关节感染等。

6. 四环素类抗生素

代表药物包括第一代的四环素、土霉素、金霉素等，第二代的美他环素、多西环素和米诺环素等，第三代替加环素等。由于多数致病菌对四环素类已耐药，故其现多用于支原体、衣原体、立克次体感染的治疗。

7. 酰胺醇素类

代表药物有甲砜霉素、氟苯尼考等。主要用于敏感细菌引起的呼吸道疾病、肠道感染、角膜结膜炎、乳腺炎等。

8. 化学合成抗菌药物

磺胺类：磺胺嘧啶、磺胺甲氧嘧啶、磺胺二甲嘧啶、磺胺二甲氧嘧啶、磺胺甲噁唑、磺胺异噁唑，及抗菌增效剂甲氧苄啶、二甲氧苄啶等。由于其不良反应突出，临床应用明显受限，但是对流行性脑脊髓膜炎、鼠疫等感染性疾病疗效显著，在抗感染治疗中仍占有一定的位置。

喹诺酮类：代表药物有诺氟沙星、氧氟沙星、左氧氟沙星、环丙沙星、洛美沙星、沙拉沙星、二氟沙星、达氟沙星等。主要用于治疗敏感菌引起的呼吸道感染、皮肤软组织感染、消化道感染以及泌尿生殖系统感染。

9. 其他类药物

硝基咪唑类代表药物有甲硝唑、替硝唑、奥硝唑、塞克硝唑等，对厌氧菌、滴虫、阿米巴和蓝氏贾第鞭毛虫等具强大抗微生物活性。

（二）调节水和电解质平衡的药物

复方氯化钠注射液，又称林格氏液（氯化钠 0.85%、氯化钾 0.03%、氯化钙 0.033%），0.9% 的氯化钠注射液（生理盐水），5% 葡萄糖注射液（D5W）。

（三）调节酸碱平衡的药物

治疗酸中毒药物常用的有 5% 碳酸氢钠静脉注射液、维生素 C 注射液、山莨菪碱（654-2）等，治疗碱中毒药物常用的有氯化铵等，应用时要在治疗原发病的基础上，选择合适的药物。

（四）强心利尿和心肌营养药

强心药：毛花苷 C（西地兰）、毒毛花苷 K、洋地黄毒苷、安钠咖等。

利尿剂：氢氯噻嗪（双氢克尿噻）、呋塞米（速尿）等。

心肌营养药：ATP、细胞色素 C、肌苷、辅酶 A、维生素 C、25％～50％葡萄糖注射液等。

（五）解痉镇痛药

静脉注射水合氯醛（5％，w/V）、0.25％普鲁卡因安钠咖、20％硫酸镁溶液，肌肉注射 30％安乃近、2.5％盐酸氯丙嗪液、氟尼辛葡甲胺注射液或阿尼利定（安痛定）注射液，涂擦 10％樟脑酒精。注意禁用阿托品和吗啡等。

（六）止血药

维生素 K 酚磺乙胺（止血敏）、卡巴克洛（安络血）等。

（七）扩血管补充血容量

肌肉注射或静脉注射 2.5％氯丙嗪，静脉滴注 1％多巴胺注射液、0.5％盐酸异丙肾上腺素。

（八）泻下药

甘油、液体石蜡、植物油、松节油等润滑性泻剂，番泻叶汁、大黄（天然药物蒽醌类化合物大黄素）、蓖麻油等刺激性泻剂，甲基纤维素、琼脂、果胶、芒硝（硫酸钠）等容积性泻剂。

七、用药准则和给药方式

（一）用药准则

使用时要有明确的细菌感染指征，要根据药敏实验结果、药物的适应证、药代动力学特征及病情选用相应的药物，做到用量适当、疗程充分。要明确所用药物的适应证、禁忌证，注意用药的剂量、疗程和给药方法，密切观察药物效果，有无菌群失调、耐药性和不良反应。严格掌握用药指征：针对病原体未明的严重感染，混合感染，感染范围广、单一药物难以控制的感染，机体深部感染或抗感染药物难以渗透的部位感染等，为中和内毒素和扩张血管，可配合应用肾上腺皮质激素，如氢化可的松、地塞米松、肾上腺素等。一般情况下，用药 48～72 h 后如果疗效不佳要考虑调整、更换药物，症状明显消失后 72 h 可考虑停药，严重感染疗程可适当延长。

（二）给药方法

1. 经口给药

临床上有灌服给药、饮服给药、混式给药和其他经口给药等，其特点是方便、安全、药物损失少，适用于大多数药物，特别是中药制剂。因为经口给药容易受到胃肠道的影响，吸收缓慢，吸收效率不规律，所以在病危、呕吐、有胃肠道或口腔疾病以及昏迷时不能采用这种方法给药。

2. 注射给药

常用的方式有静脉注射、肌肉注射和皮下注射等。注射给药是通过注射器械将不能口服或口服有困难或在胃肠内不能吸收的某些药物的针剂，注入静脉、肌肉、皮下、皮内、气管、腹腔或其他器官内的给药方法，这种给药方法药物吸收迅速充分。

3. 经皮肤、黏膜给药

因为皮肤和黏膜分布有丰富的毛细血管，可以吸收一定数量的药物，使其在局部发挥药效。该方法有擦洗、涂抹、喷雾、撒布、滴鼻和浇泼等方式，一般多用于外科治疗以及传染病、寄生虫病的防治等。应用时要注意药物的作用部位、时间、面积和药量，防止出现中毒、药量不足或时间不够等问题。

八、诊断原则和措施

首先要从搜集、询问现有症状有关的问题开始，了解病史的程度和范围；其次要进行全面的临床检查，在已掌握的各种疾病的基础上进行一系列的鉴别诊断，利用病原分离鉴定、血清学或分子生物学等实验室诊断方法进行确诊。

坚持以预防为主，针对传染病的控制重点，切断造成疫病流行的传染源、传播途径和易感动物这三个基本环节，杜绝和控制传染病的传播蔓延。做好驴的健康管理计划（主要包括：生物安全计划、预防检查和治疗计划、有害生物控制计划、免疫和驱虫计划、相关人员培训和学习计划），加强饲养管理，做到疫病及早发现及时治疗，建立档案管理制度（主要包括来源、进出场日期、繁殖记录、饲草及饲料添加剂、检疫情况、诊疗用药情况、死亡和无害化处理情况等）。疫苗是用细菌、病毒等制成的可使机体产生特异性免疫的生物制剂，接种后可获得免疫力，可以根据本区域、本场的疫病发生情况选用。

遵守我国《兽药管理条例》的有关规定，兽药凭专业兽医开具的处方使用。所用的兽药应来自具有兽药生产许可证的厂家，注册进口的兽药其质量应符合相关的兽药国家质量标准，严禁使用食品动物禁用的兽药及其他化合物，慎用拟肾上腺素药、平喘药、抗胆碱药、肾上腺皮质激素类药和解热镇痛药。所使用的兽药应做好用药记录，档案资料保存一年以上。

禁止将原料药直接添加到饲料及动物饮用水中或直接饲喂动物。具有预防动物疫病、促进动物生长作用，可在饲料中长时间添加使用的饲料药物添加剂，要注意其产品"药添字""兽药字"批准文号，注意产品标签中标明的所含兽药成分的名称、含量、适用范围、停药期规定等事项。

第三节 驴的各项常规指标

一、体温、脉搏、呼吸

驴的体温、脉搏、呼吸参考指标见表 2-1。

表 2-1 驴的主要生理指标

生理指标	成年驴	驴驹
体温（℃）	36.4～37.8	37.5～38.9
脉搏（次/min）	36～52	80～120
呼吸频率（次/min）	12～28	30～50

注：使用听诊器听取肺部每分钟的呼吸数。置下颌骨外侧，食指与中指伸入下颌支内侧，触诊下颌动脉数脉搏。体温采集直肠温度。体温升高 1℃ 以内为微热，升高 1～2℃ 为中热，升高 2℃ 以上为高热。一般来说，体温每升高 1℃，脉搏增加 4～8 次/分。

二、血常规

驴的血常规参考指标见表 2-2。

表 2-2 驴的血常规参考指标

项目	单位	参考范围
白细胞计数（WBC）	$\times 10^9$ 个/L	5.4～13.5
红细胞计数（RBC）	$\times 10^{12}$ 个/L	4.4～8.4
淋巴细胞计数（LY）	$\times 10^9$ 个/L	1.4～10.7
血红蛋白浓度（HGB）	g/L	20.5～156.5
血小板计数（PLT）	$\times 10^9$ 个/L	75～550
平均血红蛋白含量（MCH）	pg	10～24
平均红细胞体积（MCV）	fL	26～71
平均血红蛋白浓度（MCHC）	g/L	280～400

注：目前，驴生理生化指标检测工作尚在完善中，作者在临床诊断中的血生化检查，同时参考英国驴生化的检测（Burden et al.，2016），综合数值后供参考。

三、血生化

驴的血生化参考指标见表 2-3。

表 2-3 驴的血生化参考指标

项目	参考值
乳酸脱氢酶（LDH）	250~2 070 U/L
脂肪酶（AIPA）	400~1 000 U/L
NH_3	0~90 μmol/L
钾	2.6~5.3 mmol/L
钠	127~142 mmol/L
氯	94~107 mmol/L
钙	2.1~3.7 mmol/L
磷	0.58~1.81 mmol/L
铁	13.1~25.1 μmol/L
碱性磷酸酶（ALP）	10~326 U/L
淀粉酶（AMLY）	0~35 U/L
肌酸激酶（CK）	10~350 U/L
尿素氮（BUN）	3.6~8.9 mmol/L
肌酐（CREA）	31~187 μmol/L
尿酸（UA）	0~60 μmol/L
血糖（GLU）	4.2~5.7 mmol/L
总蛋白（TP）	56~79 g/L
白蛋白（ALB）	20~39 g/L
球蛋白（GLOB）	21~53 g/L
α-球蛋白	7~17 g/L
β-球蛋白	6~20 g/L
γ-球蛋白	8~16 g/L
总胆红素（TBIL）	0~60 μmol/L
总胆固醇（CHOL）	1.3~2.9 mmol/L
甘油三酯（TRIG）	0.06~0.76 mmol/L
丙氨酸氨基转移酶（ALT）	5~50 U/L
天门冬氨酸氨基转移酶（AST）	100~600 U/L
γ-谷氨酰基转移酶（GGT）	0~87 U/L

　　作者所在课题组通过对 20 头 1.5 岁处于生长期的德州驴进行血清生化检测发现，母驴血清总蛋白、白蛋白、总胆固醇、甘油三酯含量及乳酸脱氢酶活性这几项指标略高于公驴，而球蛋白、尿素氮含量及天冬氨酸氨基转移酶、丙氨酸氨基转移酶、γ-谷氨酰基转移酶活性指标略低于公驴，但均无显著影响（$P>0.05$）。生长期育肥德州驴部

分血清生化指标比较见表 2-4。

表 2-4 生长期育肥德州驴部分血清生化指标比较

项目	公	母
总蛋白（TP）（g/L）	72.42±1.08	71.94±1.83
白蛋白（ALB）（g/L）	29.96±0.38	29.00±0.39
球蛋白（GLOB）（g/L）	42.46±1.08	42.94±1.59
总胆固醇（CHOL）（mmol/L）	2.61±0.25	2.00±0.08
甘油三酯（TRIG）（mmol/L）	0.82±0.21	0.42±0.08
丙氨酸氨基转移酶（ALT）（U/L）	12.74±0.62	13.65±1.21
天冬氨酸氨基转移酶（AST）（U/L）	362.48±14.30	393.10±23.20
γ-谷氨酰基转移酶（GGT）（U/L）	26.50±0.65	30.00±2.65
尿素氮（BUN）（mmol/L）	5.54±0.77	6.28±0.22

四、粪尿

粪便和尿液能直接地反映机体的健康情况，一般成年大型驴（250 kg 以上）每天约排泄粪 15 kg、尿 10 kg（《农业技术经济手册》）。驴粪质地粗，疏松多孔，含水分少，成分中以纤维素、半纤维素含量较多，驴粪中水分易蒸发，同时含有较多的纤维分解菌，属于热性肥料（腐熟时产生较多热量的有机肥料）。

驴的肾脏浓缩尿液的能力非常强大，驴尿液生化检测指标平均值的标准差范围较大，具体原因可能与年龄、饮水量以及肾脏能力等有关。作者通过德州驴的乌头驴和三粉驴的尿常规检测，没有发现统计学的差异。尿色素来源于蛋白质的代谢，其每日的排泄量基本上是恒定的，尿液的颜色是由尿色素决定的，而且会随着尿量的变化而发生变化。因此，饮水多时尿量多，颜色浅白，饮水少时尿量少，颜色深黄。

五、驴的体尺指数计算及鉴定

体长：从肩端到臀端的直线距离。

体高：也称鬐甲高，是从鬐甲最高点到地面的垂直高度。

胸围：在肩胛骨后缘处作一垂线，用卷尺围绕一周测得。

管围：左前肢管部上 1/3 最细处的水平周长。

体长率＝体长/体高×100%

胸围率＝胸围/体高×100%

管围率＝管围/体高×100%

六、体重

要了解驴的体重，最准确的办法是用地秤来称。在无地秤时可用下列公式估算：

$$体重（kg）=\frac{胸围^2×体长}{10800}+25（或45）$$

式中：胸围和体长的测量值以 cm 计。

根据对膘情好的大型成年驴实际称重和用公式计算的体重比较，用常数"25"时，绝对误差为 18.1 kg（较实际体重数小），相对误差为 4.25%；用常数"45"时，绝对误差为 1.4 kg（较实际体重数大），相对误差为 0.34%。对 3 岁以下驴驹或中、小型驴，以及膘情瘦弱的成年驴，其体重估计可用常数"25"。体重的估算对于机体的给药很重要。体况判断标准见表 2-5。

表 2-5　体况判断标准

体况	颈部	肩隆和肩部	肋骨、背部和腰部
瘦	骨骼明显，可见"母羊颈"，基部狭窄松弛	骨骼明显可见棘突，没有脂肪	肋骨明显可见，肋间只有皮肤，骨骼棘突状突起，没有脂肪
中等	颈部覆盖有脂肪，基部狭窄结实	肩隆和肩部有脂肪层，可见棘突	肋骨轮廓模糊，肋骨刚好可见
丰满	没有棘突，有明显的脂肪沉积	肩后有脂肪沉积	肋骨不可见，可以感觉到无脊沟，可触到棘状突起，沿背部有中线褶皱
肥胖	颈部明显增厚、宽、结实，有轻微褶皱	沿肩隆充满脂肪	背部宽、扁平、腰部平满

七、牙齿与年龄的判定

驴的牙齿按形态位置和机能可分为切齿、犬齿与臼齿，按其排列可分为门齿、中齿和隅齿，按生长先后时间还可以分为乳齿和永久齿。幼驹通常在出生后 1~2 周开始生出乳齿，至 2.5 岁时乳门齿因永久门齿的生长而被顶落。某些成年公驴在前臼齿前方，可能额外长有 1~2 颗异生狼齿，尺寸 0.5~1.5 cm，因此 5 岁以上的成年公驴最多有44 颗牙齿（加狼齿和犬齿），母驴最多有 40 颗牙齿（加犬齿）。但实际中一般公驴牙齿为 40 颗（狼齿没有或退化），母驴牙齿为 36 颗（犬齿没有或退化）。

按形态位置和机能的分类，切齿上下颌各有 6 颗（总计 12 颗），排在最中间（正面前）的一对叫门齿，门齿两侧的一对为中齿，最外的一对为隅齿；犬齿上下颌各有 2 颗

（总计 4 颗），位于切齿与臼齿中间，公驴犬齿大并且发达，母驴犬齿不发达，一般只从齿龈黏膜部露出一点点或没有；臼齿上下颌各有 12 颗（总计 24 颗），前 3 枚为乳齿（奶牙），脱换后的为永久齿，每侧上下颌各 6 颗，分为前端的前臼齿（每侧 3 颗，共 12 颗）和后端的后臼齿（同为每侧 3 颗，共 12 颗）。驴的牙齿形态位置排列见图 2-1。

	（右）						（左）
后臼齿	前臼齿	犬齿	切齿	犬齿	前臼齿	后臼齿（上）
后臼齿	前臼齿	犬齿	切齿	犬齿	前臼齿	后臼齿（下）

$$公驴：\frac{3\quad3\quad1\quad6\quad1\quad3\quad3}{3\quad3\quad1\quad6\quad1\quad3\quad3}=40$$

$$母驴：\frac{3\quad3\quad6\quad3\quad3}{3\quad3\quad6\quad3\quad3}=36$$

图 2-1　驴的牙齿形态位置排列

牙齿结构分为 3 层，白垩质、珐琅质、象牙质。牙齿一生都在缓慢生长，速度是每年 2~3 mm，同时每年都在磨损（草地自由采食情况下，每年磨损 2 mm 左右）。门齿、前臼齿需要脱换，即先长出乳齿后再长出恒齿，犬齿、后臼齿不脱换。在永久切齿上都有一个独特的圆椎形凹窝，且上下颌永久切齿的凹窝各有其特性。其中，下颌永久切齿凹窝深度约为 6 mm，而上颌永久切齿的凹窝深度为 12 mm。各颗永久切齿开始替换乳牙的时间（即永久切齿长出的年龄）分别为：门齿（中央切齿）在 2.5~3 岁、中齿（中间切齿）在 3.5~4 岁，隔齿（边缘切齿）在 4.5~5 岁。牙齿在选驴、买驴和育驴时，能起到辅助判定年龄的作用，这关乎着对驴的种用价值及生产性能的判断。根据乳切齿的发生、脱换及永久切齿的磨损变化规律，尤其是对 6 岁及以上的驴进行年龄判断误差可以控制在半年以内。详细的牙齿变化情况见表 2-6。

表 2-6　牙齿的变化情况

齿式	乳牙时间	恒牙时间
门齿（上下颌各 1 对）第一（中央）切牙	出生后 1~2 周	2.5~3 岁（3 岁开始磨灭）
中齿（上下颌各 1 对）第二（中间）切牙	1~2 月	3.5~4 岁（4 岁开始磨灭）
隔齿（上下颌各 1 对）第三（最外边）切牙	6~12 月	4.5~5 岁（5 岁开始磨灭）
犬齿（上下颌各 1 对）犬牙（仅公驴）	无	如果有，4.5~5.5 岁
前臼齿第一前磨牙（狼齿）	无	如果有，0.5~3 岁
前臼齿第二前磨牙	出生后 1~2 周	2~3 岁

（续）

齿式	乳牙时间	恒牙时间
前臼齿第三前磨牙	出生后 1～2 周	2.5～3 岁
前臼齿第四前磨牙	出生后 1～2 周	3～4 岁
后臼齿第一后磨牙	无	9～12 月
后臼齿第二后磨牙	无	2 岁
后臼齿第三后磨牙	无	3～4 岁

当驴达到 6 岁时，其下颌门齿上的圆形凹窝将完全被磨损，遗留下的痕迹是一个显而易见的褐色小斑点。至 7 岁时，下颌中齿的相应凹窝也将磨平消失。待驴 8 岁时，其下颌隅齿的圆形凹窝同样会被磨损殆尽。同时，通过观察上颌牙齿也能判定 8 岁驴的年龄特征，此时，上颌隅齿的后缘会出现一个明显的突起部分，通常形象地称其为"燕尾"。驴在 8 岁之后，其永久切齿的磨损过程仍在持续。9 岁时，上颌门齿的圆形凹窝将被完全磨损。到了 10 岁，上颌中齿的凹窝也会被磨平，仅留下磨损痕迹。因此，通过检查牙齿，可以相对容易地识别出驴的大体年龄，虽然牙齿的生长、脱换和磨损常受品种、生理状态、饲养方式、饲料质地等因素的影响，但这种方法对判断年龄确实是有帮助的。民间就有"一对牙三岁口，两对牙四岁有，五到六岁边牙现，七咬门齿八咬边，咬到中渠十二三，边牙圆十五年"的农谚。切齿随年龄的变化情况见表 2-7。

表 2-7 切齿随年龄的变化情况

年龄	切齿形态特征	俗称
生后 1～2 周	乳门齿生出	驹在乳齿脱换前称"白口驹"
生后 1～2 月	乳中齿生出	
生后 6～12 月	乳隅齿生出	
1 岁	乳门齿黑窝消失	
1.5 岁	乳中齿黑窝消失	
2 岁	乳隅齿黑窝消失	
2.5 岁	乳门齿脱落，永久门齿出现	两个或一对牙
3 岁	永久门齿开始磨灭	
3.5 岁	乳中齿脱落，永久中齿出现	四个牙
4 岁	永久中齿开始磨灭	
4.5 岁	乳隅齿脱落，永久隅齿出现	五齐口
5 岁	永久隅齿开始磨灭	

（续）

年龄	切齿形态特征	俗称
6 岁	所有隅齿长齐，下门齿开始显露丝状齿星	
7 岁	下中齿黑窝消失，下门齿出现条状齿星，"燕尾"出现	六岁口
8 岁	下隅齿黑窝消失，下中齿出现齿星，"燕尾"明显	
9 岁	上门齿黑窝消失，下隅齿出现齿星，下门齿磨面呈类圆形	
10 岁	上中齿黑窝消失，下中齿磨面呈类圆形，"燕尾"消失	七岁口
11 岁	上隅齿黑窝消失，并出现纵沟，下隅齿磨面呈类圆形	
12 岁	"燕尾"第二次出现，下门齿圆形且齿星近于磨面中央	
13 岁	下门齿坎痕消失，切齿磨面几乎成圆形，"燕尾"明显	
14 岁	下中齿坎痕消失，"燕尾"消失	新八口
15 岁	下隅齿坎痕消失，上隅齿纵沟达到齿冠中部，下门齿磨面呈三角形，切齿咬合渐呈锐角	
16 岁	上门齿坎痕消失，下中齿磨面呈三角形	
17 岁	上中齿坎痕消失，下隅齿磨面呈三角形	
18 岁	上隅齿坎痕消失，切齿咬合成锐角，齿弓几乎成一直线，下门齿磨面呈纵椭圆形	老八口
19 岁	下中齿磨面呈纵椭圆形	
20 岁	下隅齿磨面呈纵椭圆形，上隅齿纵沟达于咬面	

八、驴毛特征

驴的毛发可细分为：被毛，遍布全身的短毛；保护毛，包括颈毛、体毛、尾毛及腿部特有的距毛，共同构成了保护毛体系；触毛，较为粗硬且富含神经末梢的毛，分布在驴的口唇周边、鼻腔内部、眼睑以及混杂于被毛之中，数量虽少却极为敏感。值得注意的是，驴的保护毛中并不包含鬃毛，且其颈毛、尾毛相较于马来说更为稀疏且短小，尾部根部也不生长长毛。

驴的毛色及其特征，是辨识不同品种及个体的关键标识，同时也是进行驴只个体鉴别的核心要素之一。在哺乳动物体内，ASIP 蛋白由 *Agouti* 基因座编码，该基因座协同毛色扩展位点调控真黑素（eumelanin）与褐黑素（pheomelanin）的生物合成过程，并通过竞争性结合 MCIR 受体，精细调整两种黑素的比例，从而在宏观上决定着动物的毛色表现。驴的毛色主要以黑色系为主，黑色系中包含了几个特色鲜明的分类，并且在不同地域有着不同的称呼。

（一）黑色

粉黑：又被称作"三粉色"或"黑燕皮"，在陕北地区有"四眉驴"的雅称。这种毛色的特点是全身的基础毛发及长毛皆为黑色且带有光泽，而口鼻周围、眼部四周以及腹部下方则呈现出粉白色，两者间界限清晰，形成"粉鼻、亮眼、白肚皮"的特征。这是多数大、中型驴的典型毛色。值得注意的是，随着年龄增长，幼时可能显现的灰白色会逐渐转深至成年的黑色，而某些个体腹部的粉白色区域可能扩大至四肢内侧、胸前、下颌及耳根等部位。

乌头黑：全身覆盖的毛发和长毛均为纯黑色且光泽明显，区别于粉黑之处在于缺乏明显的粉白色部分，因此得名"乌头黑"。这种毛色在德州驴中较为常见（约占群体的 48.89%）。

皂角黑：与粉黑相似，但其毛尖略带褐色，宛如老皂角的颜色，因此称为"皂角黑"。这种细微的色调差异赋予了毛色额外的层次感。

（二）灰色

体表覆以鼠灰色的短毛，而较长的毛发则趋近于深邃的黑色。面部特征显示出柔和的对比，眼周、鼻尖、腹部及四肢内部的毛色较上述区域更为浅淡，增添了几分细腻的变化。此类驴通常具备几项显著标志：背部有一条清晰的深色条纹，即"背线"，也常被称为"骡线"；肩部装饰着一条黑色的宽带，仿佛"鹰膀"；前腿膝盖上方和后腿的跗关节下方，点缀有如虎纹般的图案，故称为"虎斑"。这些独特的体征在小型驴身上尤为多见。

（三）青色

这种毛色呈现为黑白交织的混合外观，下腹部与两侧肋部时常点缀着未明确边界的白色区域。随年岁的递增，其体表的白色毛发逐渐增多，至暮年时，大多数个体转变为通体洁白，这便是所谓的"白青毛"。在某些情况下，白青毛与纯白毛在视觉上难以区分，通常依据蹄色来辨别，黑蹄意味着白青毛，而白蹄则归属为纯白毛。此外，还存在一种基底毛色为青色，但毛尖略带红色光泽的类型，被称作"红青毛"。

（四）苍色

其披覆的毛发及长毛呈现出青灰色调，头部与四肢的色泽相对较淡，然而，并不符合传统意义上的"三粉色"分布特征。

（五）栗色

全身覆盖的毛发基调为红色，而嘴部、眼部周边、腹部下方及四肢内部的毛色则相对较浅，有的近乎粉白或纯白色。这种颜色组合以往在关中驴和泌阳驴中较为常见，但现在已较为罕见。间或可见到红色或栗色为主体毛发的个体，其长毛部分趋近于黑色或灰黑色。根据毛发颜色的深浅差异，这些驴可被细分为红色、铜色或驼色系。

除了这些主要的毛色之外，还存在着特殊变异毛色，例如"银河"型，全身短毛呈现淡黄或淡红色；"白毛"型，即通体洁白，皮肤呈现持久的粉红色；"花毛"型，即在基础色上散布着大块的白色斑点。不过，这些独特的毛色变异在国内驴种中极为少见。

在毛色特征之外，还有"别征"这一分类，它包括"白章"与"暗章"。"白章"特指在驴的头部及四肢末端出现的白色斑块，这种情况在驴中颇为少见。相对而言，"暗章"更为多见，尤其是在灰色小型驴中，诸如沿背中线分布的深色条纹（俗称"背线"或"骡线"）、肩部的黑色条带（"鹰膀"）以及前膝和飞节上的横向条纹（"虎斑"）。此外，某些中、小型灰色驴的耳朵边缘常有一圈黑色，耳根部也有黑斑，被称为"耳斑"，同样属于"暗章"。

第四节　驴病的防控名录

一、WOAH 法定报告及国家规定的动物疫病

根据《世界动物卫生组织疫病名录》（2019 版），除多种动物共患病外，涉及马属动物的专有疫病有 11 种。包括马传染性子宫炎、马媾疫、马脑脊髓炎（西方型）、马传染性贫血、马流行性感冒、马梨形虫病、马鼻疽、非洲马瘟感染、马疱疹病毒 1 型感染（EHV-1）、马动脉炎病毒感染和委内瑞拉马脑脊髓炎。

根据农业农村部《一、二、三类动物疫病病种名录》（2022 年修订版），除多种动物共患病外，涉及马属动物的专有疫病有 11 种。其中，一类动物疫病有非洲马瘟，二类动物疫病有马传染性贫血、马鼻疽，三类动物疫病有马流行性淋巴管炎、马流行性感冒、马腺疫、马鼻肺炎、马病毒性动脉炎、马传染性子宫炎、马媾疫和马梨形虫病。

两者规定的动物疫病名录有一定区别，这与马属动物疫病地区流行现状和我国动物疫病防控有关。有些疫病在我国马属动物群体中从未出现或已经基本得到控制或消灭（如马传染性贫血、马鼻疽等），我国数个无规定马属动物疫病区的建立即是实例。但是 WOAH 及我国农业农村部列出的马属动物疫病和多种动物共患病，理论上都可以在规模化养驴场发生甚至流行。

二、进境动物检疫疫病

（一）进境动物检疫疫病名录

根据《中华人民共和国进境动物检疫疫病名录》（农业农村部、海关总署 2020 年修订），涉及马属动物的疫病有 15 种，其中，一类传染病、寄生虫病有非洲马瘟，二类传染病、寄生虫病有马传染性贫血、马流行性淋巴管炎、马鼻疽、马病毒性动脉炎、委内

瑞拉马脑脊髓炎、马脑脊髓炎（东方型和西方型）、马传染性子宫炎、亨德拉病、马腺疫、溃疡性淋巴管炎和马疱疹病毒 1 型感染等，其他传染病、寄生虫病有马流行性感冒、马媾疫和马副伤寒（马流产沙门氏菌病）等。

（二）进境检疫疫病流程

为防止马属动物传染病、寄生虫病及其他有害生物传入国境，保护畜牧业生产和人体健康，促进对外经济贸易的发展，对进境的动物、动物产品和其他检疫物及装载容器、包装物、运输工具，按规定实施进境检疫。

1. 进境动物及遗传物质的检疫

（1）检疫审批

输入动物、动物遗传物质在贸易合同或协议签订之前，货主或其代理人应向中华人民共和国海关总署申请办理《中华人民共和国进境动植物检疫许可证》。海关总署根据申请材料、输出国家的动物疫情和我国的有关检疫规定等情况进行审核，对同意进境的动物签发《中华人民共和国进境动植物检疫许可证》。

（2）报检

《中华人民共和国进出境动植物检疫法》规定输入种用马属动物及其遗传物质的，应当在进境前 30 d 报检；输入其他马属动物的，应当在进境前 15 d 报检。向口岸动物检疫机关报检时，需填写报检单、提交有效检疫证书、产地证书、贸易合同、信用证、发票、检疫审批单等。如无有效检疫证书，或者未依法办理检疫审批手续的，根据具体情况作退回或者销毁处理。

（3）现场检验检疫

输入动物、动物遗传物质抵达入境口岸时，动物检疫人员可以到运输工具上进行现场检疫。核查输出国官方检疫部门出具的有效动物检疫证书（正本），动物数量、品种是否与《中华人民共和国进境动植物检疫许可证》相符，逐头进行临诊检查，并可以按照规定采取样品。查阅航行日志、货运单、贸易合同、发票、装箱单等，了解动物的启运时间、口岸，途经国家和地区。装载动物的运输工具抵达口岸时，上下运输工具或者接近动物的人员，应当接受口岸动植物检疫机关实施的防疫消毒，并执行其采取的其他现场预防措施。

经现场检疫合格的，签发《入境货物通关单》，同意卸离运输工具，运输全程由检疫人员押运动物到指定的隔离检疫场。现场检疫发现疑似感染传染病或者已死亡的动物时，在货主或者押运人的配合下查明情况，做好现场检疫记录，并立即处理。动物的铺垫材料、剩余饲料和排泄物等，由货主或者其代理人在检疫人员的监督下，作除害处理。现场检疫发现进境动物有一类疫病临诊症状或不明原因的大批死亡，立即封锁现场，采取紧急防疫措施，通知货主或其代理人停止卸运，并以最快的速度报告上级部门。

（4）隔离检疫

进境动物须在入境口岸指定的地点进行隔离检疫。种用马属动物的隔离检疫期一般为 45 d，其他马属动物为 30 d。动物隔离检疫期所用的饲草、饲料必须来自非动物疫区，并用口岸检疫检验机构指定的方法、药物熏蒸处理合格后方可使用。动物在隔离期间，兽医需每天对动物进行临诊检查和观察，做好记录，并按有关要求进行实验室检测。

（5）检疫后处理

隔离期满，根据现场检疫、隔离检疫和实验室检验的结果，对合格动物出具《入境货物检验检疫证明》，准予入境。对检疫不合格的动物，由口岸动物检疫机关签发《检疫处理通知单》，通知货主或者其代理人在口岸动物检疫机关的监督和技术指导下，采取销毁措施或作其他无害化处理；需要对外索赔的，由口岸动物检疫机关出具检疫证书。

2. 进境动物产品的检疫

（1）注册登记与检疫审批

输出动物产品的国外生产、加工和存放的企业须经所在地检验检疫机构对其企业的生产、加工、存放能力、防疫措施等进行考核，考核合格后，方可申请办理注册登记，再办理《中华人民共和国进境动植物检疫许可证》的申请手续。

（2）报检

在入境前或入境时，货主或其代理人须向入境口岸动物检疫机关提供《中华人民共和国进境动植物检疫许可证》正本、输出国生产、加工、存放的企业的注册登记证和标识、企业印章和标识的复印件，国内生产、加工储存企业在口岸检疫检验机构的注册登记证，输出国政府签发的《检疫证书》正本和《产地证书》的副本等。没有有效检疫证书，或者未依法办理检疫审批手续的，口岸检验检疫机构可以作退回或者销毁处理。

（3）入境口岸现场查验

动物产品到达口岸后，口岸检疫检验机构派相关人员到运输工具上现场检疫，审核报检单、《中华人民共和国进境动植物检疫许可证》、输出国出具的有效检疫证书、产地证书、信用证或发票、提单等；查询货物的启运时间、港口，途经国家或地区，查看航行日志；核对单证与货物的名称、数（重）量、产地、包装、标志是否相符；查验有无腐败变质，容器、包装是否完好。

查验后符合要求的，允许卸离运输工具，运往在口岸检疫检验机构注册的生产、加工、储存企业封存。货物卸离运输工具后，须实施防疫消毒的应及时对运输工具的相关部位及装载货物的容器、包装外表、铺垫材料、污染场地等进行消毒处理。现场查验不合格的动物产品，根据情况在口岸检疫检验机构监督下作退回或销毁处理。

（4）运达地口岸实验室检验

入境的动物产品须根据标准和规定进行相应的实验室项目检验。进口肉类按规定抽样送检，强制性进行细菌总数、沙门氏菌、大肠杆菌等检验。其他产品根据《出入境动物检验检疫采样》《中华人民共和国出入境动物检疫规程手册》《出入境肉类检验检疫管理办法》等进行实验室检验。

（5）检疫后的处理

经实验室检验检疫合格的，贴上口岸检疫检验机构检验合格标志方可生产、加工或使用；不合格的，出具《检验检疫处理通知书》，通知并监督货主将相关货物作除害、退回或者销毁的处理。

3. 进境检疫的意义

（1）保障畜牧业生产

畜牧业在各国国民经济中均占有非常重要的地位，动物疫病对一个国家的经济、社会和生态的影响是巨大的，甚至是毁灭性的打击，采取一切有效措施保护本国的畜牧业免受国外重大疫情的侵害，是每个国家对动物、动物产品检疫的重大任务。

（2）促进经济贸易的发展

动物、动物产品贸易成交与否，关键要看动物及动物产品是否优质。尤其加入世界动物卫生组织以来，给我国的动物进出口贸易带来了契机，同时动物疫病进入我国的风险也大大提高，因此，进境检疫工作尤为重要。

（3）保护人类身体健康

动物、动物产品与人们的生活密切相关。通过检疫发现的患病动物或者被感染的动物产品，在法律法规框架下进行合理处理，防止疫病传播，保护人类身体健康。

三、国家规定实施监测的疫病名录

对马传染性贫血、马鼻疽、日本脑炎、马梨形虫病、马病毒性动脉炎、马媾疫、伊氏锥虫病（苏拉病）、马流行性感冒、狂犬病、炭疽、马鼻肺炎等11种疫病进行主动监测；对非洲马瘟、西尼罗河热、亨德拉病、尼帕病毒病、水疱性口炎、马脑脊髓炎（东方型和西方型）、马传染性子宫炎、委内瑞拉马脑脊髓炎等8种外来马属动物疫病实施被动监测。

四、产地检疫的疫病

(一)产地检疫的疫病名录

根据《马属动物产地检疫规程》(农牧发〔2023〕16号)规定的产地检疫对象,包括马传染性贫血、马鼻疽、马流行性感冒、马腺疫和马鼻肺炎。

(二)马属动物产地检疫规程

1. 产地检疫的内容

《马属动物产地检疫规程》(农牧发〔2023〕16号)规定了马属动物产地检疫的检疫范围及对象、检疫合格标准、检疫程序、检疫结果处理和检疫记录。该规程适用于中华人民共和国境内马属动物的产地检疫。

2. 产地检疫的意义

动物产地检疫是一项维护养殖业和环境公共卫生安全的重要工作,因此,国家非常重视产地检疫。产地检疫可以防止染疫的动物及其产品进入流通环节;通过执法手段,切断运输、屠宰、加工、储藏和交易等病原传递环节,防止动物疫病蔓延,防止人畜共患疫病的流行;将动物疫病的发生最大限度地局限化,及时发现危害公共卫生安全的迹象并采取强有力的措施将其消除;做到"防检结合,以检促防"。

五、屠宰检疫的疫病

(一)屠宰检疫的疫病名录

根据《马属动物屠宰检疫规程》(农牧发〔2023〕16号)规定的屠宰检疫对象,包括马传染性贫血、马鼻疽、马流行性感冒和马腺疫。

(二)马属动物屠宰检疫规程

1. 屠宰检疫的内容

《马属动物屠宰检疫规程》(农牧发〔2023〕16号)规定了马属动物屠宰检疫的检疫范围及对象、检疫合格标准、检疫申报、宰前检查、同步检疫、检疫结果和检疫记录。该规程适用于中华人民共和国境内马属动物的屠宰检疫。

2. 屠宰检疫的意义

屠宰检疫是一种减少动物间疾病传染,阻断病毒传播,保障人与动物健康安全的有效手段。通过宰前检疫,可及时发现伤残动物或患病动物,有利于做到病健隔离、病健分宰,避免肉品污染,提高肉品卫生质量,减少经济损失。宰后检疫是宰前检疫的继续和补充,由于宰前检疫只能剔除一些具有体温反应或症状比较明显的病畜,对于处于潜伏期或症状不明显的病畜则难以发现,往往随同健畜一起进入屠宰加工过程。这些病畜只有经过宰后检验，在解体状态下，直接观察体、脏器所呈现的病理变化和异常现象，才能进行综合分析，作出准确判断。所以宰后检疫对于检出和控制疫病、保证肉品卫生质量、防止传染等具有重要的意义。

六、无规定马属动物疫病区疫病

根据 WOAH 倡导的实现控制和消灭动物疫病的国际通行做法，我国在实施动物疫病区域化管理、建设马属动物无疫区时，规定不得有以下 8 种马属动物疫病：马传染性贫血、马鼻疽、日本脑炎、马流行性感冒、马梨形虫病、马病毒性动脉炎、马媾疫和伊氏锥虫病（苏拉病）。同时，对狂犬病、炭疽和马鼻肺炎等 3 种动物疫病实施监测；对非洲马瘟、亨德拉病、西尼罗河热、尼帕病毒病、水疱性口炎、马脑脊髓炎（东方型和西方型）、马传染性子宫炎和委内瑞拉马脑脊髓炎 8 种外来马属动物疫病开展风险管理，防范外疫传入。

七、本书疫病名录

本书根据临床上发病的原因，将驴病分成病毒病、细菌病、真菌和衣原体病、寄生虫病和普通病（内科病、外科病、营养代谢病等非传染性疫病）。针对以上讲解了每一种疫病的病原体、流行病学、临床症状、病理诊断、预防控制和检疫后处理等，对普通病的病因、症状、诊断和预防控制进行了阐述。本书还围绕驴场建设和生物安全及驴场兽医管理等方面进行了阐述，力求更全面地为驴产业的健康发展服务。

第三章　病　毒　病

第一节　马流行性感冒

马流行性感冒（equine influenza），属于 WOAH 发布的动物疫病通报名录，是我国规定的三类动物疫病、进境动物检疫疫病、国家规定实施主动监测的疫病、产地检疫和屠宰检疫的疫病以及无规定马属动物疫病区疫病，防控此病意义重大。

【病原体】

马流行性感冒是由正黏病毒科（*Orthomyxoviridae*）流感病毒 A 型马流感病毒（equine influenza virus，EIV）引起的急性、高度接触性传染病。EIV 表面有致密排列的纤突，其中血凝素（HA）和神经氨酸酶（NA）构成病毒的主要表面抗原。引起马属动物致病的血清亚型有 H3N8 和 H7N7。1963 年，Waddell 等在美国迈阿密一马群中首次分离出 H3N8 亚型 EIV，后来逐渐在全球范围内暴发，目前该亚型是危害我国马属动物的主要病原。1956 年，Sovinova 等在捷克布拉格首次分离得到 H7N7 亚型 EIV，但 20 世纪 80 年代后，再也没有分离到 H7N7 亚型的 EIV 毒株，一般认为该病毒已从自然界消失。

【流行病学】

此病以秋末或初春多发，潜伏期多在 3 d 左右。主要由含有病毒的飞沫或气溶胶经呼吸道传播，也可通过被污染的水、饲料经消化道感染。病毒在已康复的种驴精液中可长期存在，因此应注意配种时发生的本交传播。此病不分年龄、品种和性别，传播迅速，常呈暴发性流行。

【临床症状】

以发热和呼吸道症状为主要特征。病驴的体温一般上升至 39.5 ℃，有些可以达到

41.5℃，稽留 1～2 d 或 4～5 d，发病最初出现剧烈干咳，逐渐由干咳转为湿咳，有黏膜脓性鼻分泌物，眼结膜潮红，食欲低下，一般持续 2～3 周。因抗体的保护作用，此病主要感染 2 岁以下的青年驴，群体发病率可高达 60％以上，但病死率低于 5％，如饲喂霉变饲料或继发其他病原感染，病死率会显著增高。

【病理诊断】

以细支气管炎、支气管炎、肺炎和肺水肿为主要特征，主要病变在下呼吸道（指气管、主支气管以及肺内的各支气管）。

使用犬肾细胞（MDCK）分离 H3N8 亚型病毒的比较试验表明：MDCK 能选择性地分离出临床样品中并不代表优势毒株的变异毒株。检测 EIV 的金标准是接种 9～11 d 的鸡胚病毒分离方法，在动物发热初期取新鲜鼻液或用灭菌棉棒擦拭鼻咽部分泌物进行病原分离鉴定。

商业化的检测方法包括：以探针法荧光定量 RT－PCR 技术为基础开发的专门检测马流感病毒 H3N8 亚型的试剂盒、马流感病毒 H3N8 亚型 RT－LAMP 试剂盒、RT－PCR 试剂盒、染料法荧光定量 RT－PCR 试剂盒、马流感病毒探针法 qRT－PCR 试剂盒等。对于此病的诊断可参考《马流行性感冒诊断技术》（NY/T 1185）。

【预防控制】

做好生物安全防控措施，对于病驴给予对症治疗和抗病毒治疗，同时加以支持疗法，必要时使用抗生素控制继发的细菌感染。体温升高时可以注射一定量的退热剂，可以使用中兽药方剂如板蓝根、大青叶和小柴胡散等进行预防和治疗。国外有多种流感疫苗可以用于预防，如马流感 H3N8 亚型灭活疫苗（捷克、美国）。国内马流感灭活疫苗 H3N8 亚型 XJ 株正在进行新兽药证书的注册。

【检疫后处理】

提高生物安全防护能力，对发病驴场实施隔离、监控，禁止动物、动物产品及有关物品移动，对其内、外环境实施严格的消毒措施，对污染物或可疑污染物进行无害化处理。

第二节　非洲马瘟

非洲马瘟（african horse sickness，AHS），属于 WOAH 发布的动物疫病通报名录，是我国规定的一类动物疫病、一类进境动物检疫疫病、国家规定外来马属动物疫病实施被动监测疫病和无规定马属动物疫病区风险管理疫病。

【病原体】

非洲马瘟是由呼肠孤病毒科（*Reoviridae*）环状病毒属（*Orbivirus*）非洲马瘟病毒

(african horse sickness virus，AHSV）引起的马属动物的急性或亚急性传染病。AHSV 属于生物安全三级病毒，必须遵守国际准则，严格采取生物安全防护措施。AHSV 基因组为 10 个节段的双股 RNA，有 9 个血清型（AHSV1～9），各血清型之间存在一定的交叉反应，研究表明血清型 1 和 2、血清型 3 和 7、血清型 5 和 8、血清型 6 和 9 型之间有交叉的亲缘关系。

【流行病学】

此病发生有明显的季节性和地域性，多见于温热潮湿地区，主要流行于非洲南部，潜伏期通常为 7～14 d，短的仅 2 d。此病传染源是感染的动物（尤其内脏和血液富含病毒），依靠昆虫吸血传播，不通过直接接触感染，只有通过昆虫叮咬才能感染。拟蚊库蠓是重要的传播媒介，其次是伊蚊等吸血昆虫。此病与年龄有关，常呈地方性流行或暴发性流行。2020 年，全球共有 41 个国家报告此病疫情（多为非洲国家）。我国是 WOAH 官方认可的非洲马瘟历史无疫国，但国内已检出非洲马瘟的传播媒介拟蚊库蠓，因此存在发生、流行的生态环境条件，需要警惕疫情传入我国的风险。

【临床症状】

以发热、皮下结缔组织水肿、肺水肿以及内脏出血为主要特征。临床上分为肺型（最急性型）、心型（亚急性型或水肿型）、肺心型（急性或混合型）、发热型（最温和型）。

肺型：多见于此病流行暴发初期或新发病的地区，典型特征为严重的渐进性呼吸道症状，通常在出现症状后数小时内窒息死亡，病死率高达 95％以上。

心型：病初表现为发热反应（39～41 ℃），发热后期出现眼颈部、眶上窝和眼睑等处特征性的水肿，一般在发热反应后 4～8 d 因心力衰竭死亡，病死率约为 50％。

肺心型：临床不多见，具有肺型、心型的症状，通常发热后 3～6 d 死亡，病死率超过 80％。

发热型：多见于免疫失败或免疫力不足的驴，后期表现弛张型发热（39～40 ℃），可能出现结膜轻度出血、心跳加快和轻微厌食的症状，其他临床症状不明显。

【病理诊断】

病变最常见的是皮下和结缔肌肉组织间胶样浸润。头颈部和肩部水肿严重，呼吸道系统出现炎症反应，心脏有出血瘀斑和心肌变性。

诊断检测可用病毒分离和鉴定：AHSV 可以直接以仓鼠肾细胞（BHK - 21）、猴稳定细胞（MS）和绿猴肾细胞（VERO）等细胞系分离，也可用库蠓、蚊等昆虫细胞系分离。血清学试验：基于 VP7 蛋白为抗原的间接酶联免疫（ELISA）和竞争 ELISA，用微量补体结合反应（MCF）检测 AHSV 抗体。WOAH 推荐的临床诊断方法是病毒分离鉴定和实时荧光定量 RT - PCR。对于此病的诊断可参考《非洲马瘟诊断技术》

(GB/T 21675)。

【预防控制】

我国是非洲马瘟的无疫国。为了维持无疫状态，我国出入境有严格的检疫规定，所有进口马属动物都必须进行非洲马瘟的检测。非洲马瘟主要通过媒介昆虫传播，因此应在疫点、疫区、受威胁区开展虫媒控制。目前，此病无有效治疗手段，国外有商品化的减毒（单价和多价）活疫苗，主要在非洲部分地区应用。因为非洲马瘟病毒有 9 个血清型，各型之间疫苗交叉保护不好，因此疫苗研究有很大挑战。我国作为非洲马瘟的无疫国，未得到相关管理部门批准，不能接种非洲马瘟疫苗。

【检疫后处理】

禁止从发病疫区国家输入易感动物及其产品。要及时做好采样送检的工作，对发现疑似和发病的马属动物要按《中华人民共和国动物防疫法》（2021 修订版）的规定处置，对死亡的动物进行无害化处理，一旦确诊要依法依规立即做好疫情的处置和流行病学的调查工作，对于同群动物的移动要严格限制。

第三节　马传染性贫血

马传染性贫血（equine infectious anaemia，EIA），属于 WOAH 发布的动物疫病通报名录，是我国规定的二类动物疫病、二类进境动物检疫疫病、国家规定实施主动监测疫病、产地检疫和屠宰检疫疫病以及无规定马属动物疫病区疫病。

【病原体】

马传染性贫血是由反录病毒科（*Retrovirus*）慢病毒属（*Lentivirus*）马传染性贫血病病毒（equine infectious anaemia virus，EIAV）引起的马属动物传染病。EIAV 只能在马属动物的白细胞、骨髓细胞及马或驴胎组织（脾、肺、肾、皮肤、胸腺等）继代细胞培养物内增殖，出现细胞病变效应，该病毒至少有 8 个血清型，能凝集鸡、豚鼠、蛙和人的 O 型红细胞。

【流行病学】

此病发生有明显的季节性，以 7—9 月吸血昆虫活动期高发，多流行于低洼潮湿沼泽地，潜伏期一般为 20～40 d，最长可达 90 d。患慢性马传染性贫血和隐性感染的马属动物（尤其内脏和血液富含病毒）是此病传染源，主要通过吸血昆虫（虻类、蚊类、刺蝇及蠓类等）叮咬传播，也可经消化道、呼吸道、交配、胎盘及被污染的器械等传播。此病只感染马属动物，无品种、性别和年龄的差异。根据《马传染性贫血消灭工作考核标准和验收办法》，此病在我国已呈消灭状态。但是，随着马属动物及制品的进口及频繁流动，易对此病的稳定清除状态造成影响。

【临床症状】

以反复发热、消瘦、贫血、黄疸、出血和浮肿等为主要特征。在无发热期间症状逐渐减轻或暂时消失，后期由于肌肉变性、坐骨神经受损，有后躯无力、运动时左右摇摆、步态不稳的表现。此病一般分为急性、亚急性、慢性、隐性等类型。

急性型：体温突然升高到 39 ℃以上，一般为稽留热，病程短的 3～5 d，最长的不超过 30 d。

亚急性型：常见于流行中期，病程长为 1～2 个月，主要呈现反复发作的间歇热和逆温差现象（温差倒转，上午体温高而下午体温低）。

慢性型：最常见的一种病型，常发生于老疫区，病程较长，可达数月或是数年，其特点与亚急性型基本相似，体温很少达到 40 ℃，且无热期很长，可持续数周或数月，逆温差现象更明显。

隐性型：长期带毒，症状不明显。

【病理诊断】

急性型主要呈败血症变化，可视黏膜、浆膜及心内膜有出血点，心肌脆弱、呈灰白色煮肉样，肝肿大、切面呈槟榔状花纹，肾显著增大、呈灰黄色；亚急性型和慢性型时贫血和网状内皮增生反应表现明显。

符合上述流行病学特征和临床症状的疑似病例，需要依靠实验室诊断进一步确诊。在国际贸易中，指定诊断方法为病毒分离与鉴定、琼脂凝胶免疫扩散试验（AGID）、间接 ELISA、竞争 ELISA、免疫印迹试验和实时荧光 PCR 等方法。对于此病的诊断可参考《马传染性贫血诊断技术》（GB/T 17494）。

【预防控制】

目前此病在我国已呈消灭状态。此病尚无适用的疫苗，预防控制意义重大。

【检疫后处理】

经检疫后发现此病，应按照《马传染性贫血病防治试行办法》等依法依规采取严格控制、扑灭等措施。

第四节 马鼻肺炎

马鼻肺炎（equine rhinopneumonitis，ER）又称马传染性鼻肺炎，属于 WOAH 发布的动物疫病通报名录，是我国规定的三类动物疫病、产地检疫疫病和无规定马属动物疫病区监测疫病。马鼻肺炎是以马疱疹病毒感染为代表的几种传染性疫病的总称，此病多呈暴发性流行且具有高死亡率，在规模化驴场防控此病意义重大。

【病原体】

马鼻肺炎是由疱疹病毒科（*Herpesviridae*）水痘疱疹病毒属（*Varicellovirus*）中的马疱疹病毒（equine herpes virus，EHV）引起的一种高度接触性传染病。目前已知马疱疹病毒包括 9 个亚型，其中，马是 EHV‐1～5 的自然宿主；驴是 EHV‐6～8 的自然宿主。马疱疹病毒颗粒的直径很大并且有糖蛋白组成的被膜，病毒基因组是线状双链 DNA 分子。此病毒在自然界广泛分布，宿主范围变化较大，现已发现 120 种以上。根据 GenBank 已经公布的部分 EHV 序列，以 DNA 聚合酶、gB、gD 和 gG 基因进行遗传进化分析。由 gB、gD 和 gG 基因进化树，可见 EHV‐2 和 EHV‐5 为同一大分支，其余 EHV 为同一大分支；EHV‐1、EHV‐8、EHV‐9 和 EHV‐4 为同一小分支，EHV‐3 和 EHV‐6 分别为不同小分支；EHV‐1、EHV‐8 和 EHV‐9 遗传距离较近，与 EHV‐4 距离较远。而 DNA 聚合酶的进化树显示略有不同，EHV‐3、EHV‐5 和 EHV‐6 为同一大分支，其余 EHV 为另一大分支；EHV‐2 和 EHV‐7、EHV‐3、EHV‐6 与 EHV‐5 分别为不同小分支。

【流行病学】

此病多发生于秋冬和早春，呈地方性流行，自然感染潜伏期为 2～10 d。病驴和康复的带毒驴是主要传染源，经呼吸道传染，经消化道及交配也可传染。此病多在成年群体中暴发，传播速度很快，7 d 左右可使同群幼驹全部感染。怀孕母驴多发生流产，流产率达 65%～70%，高的达到 90%。在老疫区，一般多见于 1～2 岁的青年驹，3 岁以上一般不再感染。发达国家和地区更加关注 EHV‐1 和 EHV‐4 在马群中的危害，EHV‐2 和 EHV‐4 在呼吸道和流产的驴组织中均有分离到。王雪竹等对新疆乌鲁木齐地区马群 EHV‐1 的流行情况进行了血清学调查，发现 EHV‐1 的阳性率高达 39.35%。

【临床症状】

以呼吸道卡他性炎症和病毒性流产为主要特征。此病临床可分为鼻肺炎型和流产型。

鼻肺炎型：多发生于幼驹，发病初期高热，体温在 39.5 ℃以上，鼻腔出现浆性、黏性或脓性鼻液，眼结膜黏膜充血，颌下淋巴结肿胀，食欲减退，持续 2～7 d 自然康复。

流产型：表现为妊娠母驴（多见于妊娠 8～11 月的孕驴）有轻微的呼吸道症状，出现无任何先兆的流产，有时产出弱胎，但很快死亡。早期流产的胎儿发生严重的自溶，后期流产的胎驹体表皮下有不同程度的水肿、出血斑和黏膜黄染。一般情况下，胎驹和胎盘一并排出，母驴很快恢复正常，不会影响以后的配种和受孕。少数妊娠母驴发生神经症状，出现共济失调现象，最终因瘫痪而死。

【病理诊断】

病理可见全身各黏膜肿胀、出血，心、肝、肾等器官发生实质性的病变，脾脏及淋巴结呈败血症变化。气管、胃和小肠中有胶冻样黏膜皱襞，肠系膜淋巴结肿大，有些地方出现浅表性溃疡。解剖可见心肌出血，肺出现水肿，有胸腹水，肝脾肿大，肝包膜下有针尖大灰黄色坏死灶。

诊断时可接种原代马肾细胞或易感传代细胞进行病毒分离，采用荧光抗体试验、血清学试验和分子生物学检测。对于此病的诊断可参考《OIE 陆生动物诊断试验与疫苗手册》（2021 版）和《马鼻肺炎病毒 PCR 检测方法》（GB/T 27621）。

【预防控制】

加强对妊娠母驴的饲养管理，对上呼吸道炎症症状较轻的病驴，可不进行处置，如继发细菌感染，可选用磺胺类抗菌药进行治疗。中兽医认为，马鼻肺炎的发生与驴的体质、环境等因素有关，因此，可以通过中药来调理驴的体质，增强免疫力，预防和治疗疾病。可选用清肺止咳散，连用 3～5 剂；也可选用麻黄 10～18 份、细辛 12～16 份、辛夷 10～15 份、白芷 10～15 份、苍术 10～15 份、藿香 8～15 份、败酱草 8～15 份和芦根 8～12 份制备药剂，利水消肿、芳香通窍、驱散风邪、燥湿化浊、消痈排脓。

【检疫后处理】

发生此病时，应立即隔离患病马属动物，尤其是对流产母驴进行隔离，对流产排出物及污染物进行彻底消毒和无害化的处理。

第五节　马病毒性动脉炎

马病毒性动脉炎（equine viral arthritis，EVA）又称流行性蜂窝织炎、丹毒，属于 WOAH 发布的动物疫病通报名录，是我国规定的三类动物疫病、二类进境动物检疫疫病、国家规定实施主动监测疫病以及无规定马属动物疫病区疫病。

【病原体】

马病毒性动脉炎是由套氏病毒目（*Nidovirales*）动脉炎病毒科（*Arteriviridae*）、动脉炎病毒属（*Arterivirus*）马病毒性动脉炎病毒（equine arteritis virus，EAV）引起的一种接触性传染病。1953 年，Doll 等首先在美国俄亥俄州发现马病毒性动脉炎并定为 Bucyrus 株，已报道分离出此病毒的国家其抗原性均与 Bucyrus 株一致。EAV 是一种有囊膜、正股单链的 RNA 病毒，迄今为止只发现 1 个血清型。EAV 能在许多细胞培养物中增殖，最适细胞株为马的皮肤细胞株 E. derm（NBL－6）。此病毒只感染马属动物，EAV 首先感染侵袭肺部的巨噬细胞，并在巨噬细胞及内皮细胞中增殖，继而在一些器官中的中层肌细胞、间质细胞和上皮细胞内复制，然后扩散到支气管的淋巴结。

【流行病学】

此病呈世界性分布，潜伏期为 2～10 d。主要通过生殖系统和呼吸系统感染传播，母驴痊愈后很少带毒，而大多数公驴恢复后成为长期带毒者，因无明显临床症状，成为危险的传染源。另外，病驴在急性期通过呼吸道分泌物（鼻液、唾液）污染的饲料、饮水、环境和饲养人员等也能传播病毒。目前 EVA 暴发疫情不多见，我国患病的风险较低。

【临床症状】

以发热、四肢严重水肿、妊娠母驴流产为主要特征。此病多呈急性，表现厌食，精神沉郁，步伐僵直，眼、鼻分泌物增加，分泌物后期为脓性黏液，常呈现大叶性肺炎症状，在面部、颈部和臀部形成皮肤疹块，公驴的阴囊和包皮水肿。一般感染 3～14 d 后，体温升高可达 41 ℃，并持续 5～9 d，恢复期病驴出现全身性的动脉炎和严重的肾小球肾炎。因病毒可突破胎盘屏障导致胎儿感染死亡，怀孕母驴感染后 10～30 d 发生流产，其流产率可达 90% 以上。

【病理诊断】

以全身较小动脉管内肌层细胞的坏死，内膜出血及血栓形成和梗死为主要特征。解剖可发现心、肝、脾、肾等器官有出血和水肿变化，浆膜、黏膜以及肺和中膈可见点状出血。浆膜腔中含有大量坏死组织，盲肠和结肠的黏膜坏死。全身所有淋巴结肿胀并伴随不同程度地出血，血液有以淋巴细胞减少为特征的白细胞减少症表现。

病毒分离鉴定、琼脂糖凝胶免疫扩散试验、反转录聚合酶链式反应试验（RT-PCR）适用于马病毒性动脉炎的病原诊断，中和试验和 ELISA 适用于马病毒性动脉炎的抗体检测。对于此病的诊断可参考《OIE 陆生动物诊断试验与疫苗手册》（2021 版）和《马病毒性动脉炎诊断技术》（GB/T 27980）。

【预防控制】

目前，为了防止此病的扩散和传播，许多国家采取的主要措施是免疫接种、配种监控、隔离带毒驴。急性期病驴一般都能康复，对发热期病驴通常采用对症疗法。此病的自然免疫力可保持 7 年以上，自然感染康复后或用弱毒苗免疫接种后，都可产生强大而持久的免疫力。目前已有多种 EVA 试验性和商品化疫苗：一种是经马和兔细胞培养物多次连续传代致弱毒株疫苗；一种是病毒在马细胞上繁殖培养物灭活疫苗。

【检疫后处理】

加强出入境检验检疫工作，建立完善的生物安全保障体系，切断传播途径，针对患病动物，采取严密隔离措施，严格做好生物安全防范。

第六节 水疱性口炎

水疱性口炎（vesicular stomatitis，VS）又名鼻疮、口疮、伪口疮、烂舌症，是国家规定外来马属动物疫病实施被动监测疫病和无规定马属动物疫病区风险管理疫病。

【病原体】

水疱性口炎是由弹状病毒科（*Rhabdoviridae*）水疱病毒属（*Vesiculovirus*）水疱性口炎病毒（vesicular stomatitis virus，VSV）引起的一种口腔黏膜发生水疱病变的人畜共患病。VSV 为线性单股负链 RNA 病毒，病毒粒子为子弹状或圆柱状。VSV 有 5 种结构蛋白，分别为核衣壳蛋白（nucleocapsid protein，N）、磷蛋白（phosphor protein，P）、基质蛋白（matrix protein，M）、糖蛋白（glycol protein，G）及大聚合酶蛋白（large polymerase protein，L），其中糖蛋白可刺激产生中和抗体和血凝抑制抗体，核衣壳蛋白和基质蛋白具有不同血清型交叉反应的特性。VSV 迄今为止发现有 14 个病毒型，在抗原性方面有不同的差异。根据中和试验和补体结合试验，可将 VSV 分为 2 个血清型，其代表株分别为印第安纳株和新泽西株。VSV 可在实验室常用的培养细胞中生长，病毒有致细胞病变作用并能在肾单层细胞上形成蚀斑。人工接种易感动物后，舌面均可发生水疱。

【流行病学】

此病具有明显的季节流行性，多发生于夏秋两季，常发生在美洲的低洼热带雨林和亚热带地区，呈地方性流行，自然感染潜伏期为 3～5 d。此病的主要传染源为病畜，主要通过被污染的外部环境经消化道或通过损伤的皮肤黏膜侵入体内，也可以通过昆虫叮咬而感染。马、驴、骡、牛、猪是主要的易感动物。易感宿主可因病毒基因型不同而有所差别，如印第安纳型病毒能引起马、驴、骡、牛感染，但不能使猪发病。此病仅在美洲流行，在法国和南非曾有报道。

【临床症状】

以水疱、流涎、采食障碍等为主要特征。早期表现为发热、食欲减退、流涎，继而出现白色至灰红色水疱，常见于舌、牙床、鼻和唇部，流泡沫样口涎，乳头皮肤及蹄部损伤，蹄冠充血、溃疡、糜烂。此病多见于成年动物，1 岁以下的马、驴很少受到侵袭，发病率变化范围很大，通常 10%～15% 有临床症状，如果继发细菌感染会加重病情。此病一般容易康复，即使病情较重，7～10 d 也能痊愈。

【病理诊断】

主要变化是在口腔、乳头、蹄及蹄冠周围形成水疱。病理组织学变化可见淋巴管增生，脑神经胶质细胞及大脑和心肌的单核细胞浸润。

根据流行病学、病史和综合征进行初步诊断。病毒分离鉴定：取发热初期的鼻液等分泌物，接种 9～11 日龄鸡胚尿囊腔或 MDCK 细胞，35 ℃培养 2～4 d，取尿囊液或细胞培养物上清进行 HA 试验，对 HA 阳性病料培养物进行 HI 试验，鉴定病毒及其亚型。血清学试验：取发病初期或恢复期的血清进行 HI 试验，检测抗体滴度的变化，以恢复期抗体效价升高 4 倍以上作为诊断标准。分子生物学方法：最常用的是 RT‐PCR 方法。对于此病的诊断可参考《OIE 陆生动物诊断试验与疫苗手册》（2021 版）。

【预防控制】

由于 VSV 的广泛流行性、高度感染性、变异性和抗体保护的特殊性，尚无一种安全有效的疫苗可用于防治。此病一般可以自愈，为了防止继发感染，应在严格隔离的条件下对患病动物进行对症治疗。口腔可用 1％的盐水、2％～3％的硼酸溶液、2％～3％的小苏打溶液或 0.1％高锰酸钾溶液进行洗涤，糜烂面上可涂以 1％～2％的明矾或碘甘油，也可使用冰硼散治疗。蹄部可用 3％的来苏尔洗涤，然后涂以松馏油或鱼石脂软膏。乳房可用 2％～3％硼酸溶液洗涤，然后涂以青霉素软膏或其他防腐软膏。在治疗过程中，还可以根据驴的体质和病情表现，选用具有扶正作用的中药进行调养。例如，可以选用黄芪、党参等中药来增强驴的体质和免疫力，提高其对病毒的抵抗力。

【检疫后处理】

经检疫如发现此病，应及时隔离患驴，严格封锁疫区。对圈舍、场地和用具用 2％～4％氢氧化钠溶液等喷洒消毒，粪便应堆积发酵或用 5％氨水消毒。

第七节 马 痘

痘病（pox）是由痘病毒引起的一种急性、热性、多种动物共患的传染病。马痘病毒（horsepox virus）属人类最致命病毒之一天花的近亲，但并不感染人。

【病原体】

马痘是由痘病毒科（*Poxviridae*）正痘病毒属（*Orthopoxvirus*）马痘病毒引起的一种传染病。此病毒属于 DNA 病毒，有囊膜，呈砖形或卵圆形，在抗原性上与痘苗病毒、天花病毒、猪痘病毒和绵羊痘病毒有交叉，与山羊痘病毒亦有部分共同抗原。此病毒可在细胞质内增殖，形成包涵体，病毒粒由微绒毛或由细胞裂解而释放，在鸡胚绒毛尿囊膜增殖并形成痘疱。此病毒对热、直射阳光、碱和多数常用的消毒药物均较敏感，但结痂皮中的痘病毒耐受干燥，在自然环境中能存活 6～8 周。

【流行病学】

此病一年四季均可发生，以冬春较多。病畜是主要的传染源，主要通过呼吸道感染，病毒可通过损伤皮肤或黏膜侵入体内，可与被污染的水、饲料、工具等接触感染，也可通过交配或人工授精的方式把病毒传给母畜。此病过去广泛流行于欧洲、非洲和亚洲许多国家，现已被消灭或控制。

【临床症状】

其特征是皮肤和黏膜上发生痘疹。临床上表现为皮肤型和黏膜型。

皮肤型：轻症感染，仅在系部和球关节部皮肤出现痘疱。开始时为丘疹，随后变为水疱，最后成为脓疱，干涸结痂。病驴局部稍有疼痛，可引起跛行，一般不显全身症状。

黏膜型：症状比较严重，通常先在唇内面及其相应的齿龈表面出现病变，随后扩展至舌及颊内面，有时整个口腔黏膜都有密集的病变。母驴外生殖器水肿，在皮肤和黏膜上形成水疱、脓疱和溃疡，一般呈良性经过。

【病理诊断】

皮肤黏膜上呈现丘疹、水疱、脓疱和结痂。

诊断方法有病毒分离鉴定，基于痘苗病毒血细胞凝集素 HA 基因的 PCR 分子生物学检测等。对于此病的诊断方法可参考《马痘诊断技术》（GB/T 27640）。

【预防控制】

对畜舍、饲养管理用具等进行严格消毒，对污水、污物、粪便做无害化处理。确诊后，可用牛痘苗紧急预防接种。抗生素或磺胺类抗菌剂可控制病症。

【检疫后处理】

按国家规定实施检疫。经检疫发现此病时，依法依规对发病动物及同群动物立即采取隔离、限制移动等防控措施。

第八节 轮状病毒病

轮状病毒病（rotavirus disease，RVD）广泛分布于全世界范围内，是引起动物病毒性腹泻的主要病原，具有很高的感染率，也有一定的死亡率，特别是对驴驹。

【病原体】

轮状病毒病是由呼肠孤病毒科（*Reoviridae*）轮状病毒属（*Rotavirus*）轮状病毒（rotavirus，RV）引起的一种人畜共患病。RV 无囊膜，由 11 个节段的双股 RNA 组成，分别编码 6 个结构蛋白（VP1～4，VP6 和 VP7）和非结构蛋白（NSP1～NSP5/6）。

根据内层衣壳蛋白 VP6 的血清型，可分为 A～G 7 个组群，以 A、B、C 群检出较为普遍。RV 细胞培养很难适应，需要添加胰蛋白酶和胰凝乳酶等处理后才能适应细胞，可使用恒河猴胚肾细胞系（MA－104），其他敏感细胞有原代非洲绿猴肾细胞（AGHK）、非洲绿猴肾细胞（CA1）、猴的原代肾细胞（CMK）等。RV 对外界因素的抵抗力较强，在粪便和乳汁中经半年仍有感染性，选用氢氧化钠或过氧乙酸消毒效果较好。

【流行病学】

此病多在寒冷季节发病，潜伏期 1～3 d。病畜和隐性感染者是此病的主要传染源，传播途径主要通过粪口传播，可由污染的饲料、水、土壤等媒介经口传播，也可通过气溶胶形式经呼吸道传播。环境潮湿、卫生条件差、饲料品质不良等因素可促使此病的发生。

【临床症状】

以腹泻为主要特征。多发生于 1～6 周龄的幼驹，成年动物一般呈隐性感染。患驴体温升高，精神沉郁，吃奶减少，腹泻，粪便呈（灰）白色、黄褐色，粪较黏稠或呈水样，附有肠黏膜及含有未消化凝乳块，重者多因重度脱水而死亡。

【病理诊断】

主要病变在小肠和结肠黏膜上皮细胞，出现细胞变性、坏死、黏膜脱落。尸体剖检发现，小肠明显充血膨胀，结肠淤血，盲肠扩张，内有大量黏性液体内容物。

世界卫生组织（World Health Organization，WHO）将病毒分离鉴定和血清学的 ELISA 双抗体夹心法列为此病的标准检测方法。其他常用的诊断方法：电镜病原学检查，收集发病初期的粪样检测，粪样中病毒粒子达到 10^8 即可诊断为此病；聚丙烯酰胺凝胶电泳法，利用轮状病毒基因组有 11 个节段的特征，直接从粪便中提取核酸进行 PAGE、银染观察。

【预防控制】

目前，此病尚无特效治疗药物，多采取综合防治措施，减少发病率和死亡率。补充氨基酸的电解质溶液，应用肠道收敛剂等，最大限度地减少由于轮状病毒感染而引起的脱水，有继发细菌性感染时，使用抗生素药物。针对腹泻，可以使用具有止泻作用的草药，如黄连、黄芩、白头翁等。使用具有免疫增强作用的中药，如黄芪、党参等，可以通过煎剂或以粉末形式添加到驴的饲料、饮水中，以增强驴的体质和免疫力。

【检疫后处理】

发现病驴后立即隔离，患病母驴应停止哺乳，将病驴生活环境中的垫草和粪便彻底清理干净，集中起来进行无害化处理，并且进行全面消毒，防止病情发生扩散和流行。

第九节 狂 犬 病

狂犬病（rabies）是我国规定的二类动物疫病、二类进境动物检疫疫病、国家规定实施主动监测疫病和无规定马属动物疫病区监测疫病。人对狂犬病病毒普遍易感，兽医及饲养动物者更易感染，防控此病意义重大。

【病原体】

狂犬病是由弹状病毒科（*Rhabdoviridae*）狂犬病毒属（*Lyssavirus*）中血清/基因1型狂犬病病毒（rabies virus，RV）引起的一种急性接触性传染病。病毒外形呈弹状，一端钝圆，一端平凹，有囊膜，内含衣壳，呈螺旋对称。RV属于生物安全三级病毒，必须遵守国际准则，严格采取生物安全防护措施。RV对热、紫外线、日光、干燥的抵抗力弱。RV核酸是单股不分节负链RNA，编码N、M1、M2、G、L蛋白的5个基因，各个基因间还含非编码的间隔序列。5种蛋白都具有抗原性。用血清学方法可将狂犬病毒属分为4个血清型，Ⅰ型病毒有CVS原型株、古典RV、街毒和疫苗株，血清Ⅱ、Ⅲ及Ⅳ型病毒为狂犬病相关病毒，其原型株分别为Lagos bat、Mokola和Duvenhage病毒。Bourhy等根据核蛋白基因N端的500个碱基的同源性将狂犬病毒属分为6个基因型：基因1～4型分别对应于血清Ⅰ～Ⅳ型，从德国和芬兰蝙蝠中分离到的2株欧洲狂犬病毒EBLV-1、EBLV-2为基因型5和6。1996年澳大利亚首次报道了发现于果蝠体内的狂犬病毒，被定为基因7型，即ABLV。RV不耐热，对酸、碱、新洁尔灭、福尔马林等消毒药物敏感，70%酒精、0.01%碘液和1%～2%的肥皂水均能使病毒灭活。

【流行病学】

家畜及野生动物对此病均易感染，没有年龄和性别的区别，一般春夏多发，潜伏期通常为15～60 d，也有延长到4个月以上的。此病因被狂犬病动物咬伤而感染，个别情况下可能随着污染的饲料经消化道伤口感染或经胎盘感染，也有因吸入含病毒的飞沫而感染的报道。患病的犬常为主要的传染源，蝙蝠、狼、狐等带毒的野生动物也常为自然界发生狂犬病的传染源。蝙蝠是狂犬病病毒重要的宿主之一，在南美洲主要是吸血蝙蝠、北美洲主要是食虫蝙蝠，蝙蝠感染狂犬病已成为重要问题。在我国南方蝙蝠较多的地区，尚无蝙蝠传染此病的报道。

【临床症状】

其特征是呈现极度的神经调节障碍。临床症状最早表现为咬伤部位发痒，性欲亢进，呼吸道和消化道黏膜有卡他性炎症，十二指肠和消化道有出血点，血液暗黑色、不易凝固。病驴具有明显的前驱期、兴奋期和麻痹期，反射性增强，表现为兴奋、恐惧不安，甚至冲撞其他动物。病驴常见咬肌、呼吸肌发生痉挛，出现麻痹症状，表现吞咽困难，继而后躯麻痹行走不稳，最终倒地而亡。

【病理诊断】

病理组织学检查有非脓性脑炎和神经炎变化。脑组织呈非化脓性的脑炎变化，病毒在中枢神经细胞（主要是大脑海马回锥体细胞）中增殖，在大脑海马角、大脑或小脑皮质处的神经细胞可检出嗜酸性包涵体，即内基氏小体（negri body）。

根据临床综合性诊断，采用直接免疫荧光检测（DFA）、直接快速免疫组化检测（dRIT）、巢式 RT‑PCR 检测、实时荧光 RT‑PCR 检测、实时荧光重组酶聚合酶扩增（RT‑RPA）检测、细胞培养物病毒分离检测、小鼠脑内接种病毒分离检测等综合判定。对于此病的诊断可参考《狂犬病诊断技术》（GB/T 18639）。

【预防控制】

对家犬等进行免疫接种是预防狂犬病最有效的措施。如出现典型性的狂犬病症状，应予淘汰，不宜治疗。

【检疫后处理】

对动物防疫监督机构诊断确认的，当地人民政府应立即组织相关人员对患病动物进行扑杀和无害化处理，动物防疫监督机构应做好技术指导。发现有兴奋、狂暴、流涎等典型症状的驴，应立即采取措施予以扑杀，发现有被患狂犬病动物咬伤的驴后应立即将其隔离，限制其移动。

第十节　马传染性支气管炎

马传染性支气管炎（equine contagious bronchitis）又名马传染性咳嗽，是由病毒引起的传染性强、传播迅速的一种传染病。

【病原体】

关于此病的报道和相关研究较少，目前马传染性支气管炎病原的分类及其特征尚未清楚。

【流行病学】

此病多于晚秋突然暴发流行，短时间内感染整个群体，具有传染性高和传播迅速的特点。主要通过患畜咳嗽喷出气溶胶，经呼吸道吸入而感染。康复的动物似乎没有带毒现象。在自然条件下，此病每隔几年暴发一次，其传染源及有无其他动物参与的病毒保存和传播情况均不清楚。

【临床症状】

以咳嗽为主要症状，可见病驴卡他性鼻炎，黏膜发炎，流出少量浆液性鼻液，有的可能继发支气管肺炎，体温升高（39.5～40.4℃），呈不规则热，流黏液脓性鼻液，至后期表现明显精神沉郁，食欲减退或废绝，咳嗽加重。多数病驴的病程可达7～8周，有些病驴由于继发慢性支气管炎、肺膨胀不全、肺硬化及肺气肿而演变为哮喘症。

【病理诊断】

以支气管卡他性炎症、支气管淋巴结呈髓样肿胀为主要特征。组织学检查可见支气管周围有淋巴细胞及单核细胞浸润。继发感染的病驴呈化脓性支气管肺炎和实质器官的变性，偶尔可见败血症表现。

此病呈暴发流行，主要根据其传染性强、传播迅速、发病率高的特点，结合临床特征确诊。

【预防控制】

目前尚无有效的药物，多采取支持疗法和对症治疗，平时加强饲养管理，防止接触或引入传染源。无并发症时转归良好，可自愈。此病的中兽医治疗原则为消除致病因素、祛痰、镇咳、消炎，必要时结合使用抗过敏药物。对外感风寒患驴，可用中药紫苏散：紫苏、荆芥、防风、陈皮、茯苓、姜半夏、麻黄、甘草，碾为细末，用生姜、大枣煮水一次冲服。对外感风热患驴，可用桑菊银翘散：桑叶、杏仁、桔梗、薄荷、菊花、银花、连翘、生姜、甘草，碾为细末，一次开水冲服，直至治愈。

【检疫后处理】

发现感染的病驴应及时采取隔离措施，并对隔离区的内、外环境进行彻底消毒。

第十一节 马脑脊髓炎

马脑脊髓炎（equine encephalomyelitis）是由东方型马脑脊髓炎病毒（eastern equine encephalomyelitis virus，EEEV）或西方型马脑脊髓炎病毒（western equine encephalomyelitis virus，WEEV）引起的一种严重的自然疫源性传染病，属于WOAH发布的动物疫病通报名录，是进境动物检疫疫病、国家规定外来马属动物疫病实施被动监测疫病和无规定马属动物疫病区风险管理疫病。

【病原体】

马脑脊髓炎是由披膜病毒科（*Togaviridae*）甲病毒属（*Alphavirus*）马脑脊髓炎病毒（equine encephalomyelitis virus，EEV）引起的以侵害中枢神经系统为特征的传染性疾病。此病毒属于生物安全三级病毒，必须遵守国际准则，严格采取生物安全防护措施。EEEV、WEEV 两者多数物理化学特征相同，但交叉保护性差，前者的患病死亡率高达 80%～90%，后者为 20%～30%。病毒粒子呈球形，有囊膜，表面有纤突，核酸为单股正链 RNA，可在仓鼠肾细胞（BHK-21）、猴肾细胞、鸭胚和鸡胚成纤维细胞和 HeLa 细胞等多种动物组织培养细胞内增殖。0.2%～0.4%甲醛、紫外线、60 ℃加热均可在短时间内使病毒灭活。

【流行病学】

此病有明显的季节性，多在夏季流行，与蚊的密度呈现明显的线性关系，潜伏期为 1～3 周。病畜是此病的传染源，蚊是病毒的传播媒介，主要以黑尾赛蚊、环附库蚊和白纹伊蚊为主，螨也可传播。鸟类对此病毒敏感，是病毒的主要宿主和扩大宿主。目前此病只限于美洲地区。2022 年 11 月 23 日，墨西哥农业部向 WOAH 报告称发生一起东方型马脑脊髓炎疫情。2023 年 11 月 28 日，阿根廷农业部向 WOAH 报告称发生一起西方型马脑脊髓炎疫情；同年 12 月 6 日，乌拉圭农业部向 WOAH 报告称发生一起西方型马脑脊髓炎疫情。我国未见相关报道。

【临床症状】

其特征表现为发热、厌食，神经系统受到侵害，出现中枢神经症状，常引起严重的脑炎。病驴初始发热，体温上升到 39 ℃以上，精神沉郁或兴奋，出现共济失调，眼球震颤，下唇下垂，舌垂口外，步态蹒跚，最后倒地死亡，整个病程为 1～2 d。

【病理诊断】

主要病变在大脑皮层和丘脑。患东方型马脑脊髓炎的中枢神经系统的炎症与坏死性病变最为严重，在基底神经节、海马回、脑干等部位出现明显的栓塞性血管炎，毛细血管充血，水肿。西方型马脑脊髓炎病变相对较轻，血管周围管套和炎性细胞结节的分布与东方型相似。

对于此病的诊断方法可参考《马脑脊髓炎（东方型和西方型）检疫技术规范》（SN/T 2863）。

【预防控制】

消灭传播媒介是预防此病的重要措施。预防此病可应用东方型和西方型马脑脊髓炎弱毒或灭活疫苗进行免疫接种。临床尚无特效疗法，主要进行对症疗法，免疫血清和乌洛托品可能有一些疗效。

【检疫后处理】

经检疫发现此病时应禁止动物调拨、流动。我国尚未发现此病，应加强入境检疫。发现此病依法依规处置。

第十二节 委内瑞拉马脑脊髓炎

委内瑞拉马脑脊髓炎（venezuelan equine encephalomyelitis，VEE），属于 WOAH 发布的动物疫病通报名录，是国家规定外来马属动物疫病实施被动监测疫病和无规定马属动物疫病区风险管理疫病。

【病原体】

委内瑞拉马脑脊髓炎是由披膜病毒科（*Togaviridae*）甲病毒属（*Alphavirus*）委内瑞拉马脑脊髓炎病毒（venezuelan equine encephalomyelitis virus，VEEV）引起的一种炎性病毒性感染。此病毒属于生物安全三级病毒，必须遵守国际准则，严格采取生物安全防护措施。VEEV 颗粒呈球形，有包膜，病毒囊膜中含有 E1、E2 两种糖蛋白。VEEV 基因组为不分节段的单股 RNA，病毒复合群包含 6 个抗原亚型（Ⅰ～Ⅵ）。其中，亚型Ⅰ中有 5 个抗原变异株（AB～F），抗原变异株Ⅰ-AB 和Ⅰ-C 与动物和人类的流行病相关。

【流行病学】

此病具有典型的雨季特征，主要发生在热带或亚热带吸血昆虫活动的季节，多在美洲地区流行，潜伏期 1～3 周。蚊是主要的传染媒介，黑点库蚊可能是最主要的媒介昆虫。马属动物是 VEEV 毒株的宿主，啮齿类动物是 VEEV 地方株的扩增宿主，呈"马（驴）-蚊-马（驴）"的传播方式。1938 年 Kebes 和 Rios 在委内瑞拉首次从病马脑中分离出此病毒。此病主要发生于南美、中美地区以及美国南部的一些州。2020 年 2 月 15 日，伯利兹农业卫生局向 WOAH 报告称发生委内瑞拉马脑脊髓炎疫情。我国未见相关报道。

【临床症状】

以发热、腹泻、神经症状和病毒血症为主要特征。临床表现为体温升高，常呈双相热型，第一相有病毒血症表现，第二相有中枢神经系统症状，出现共济失调，眼球震颤，肩下垂等症状。此病自然感染的死亡率有时高达 75%～83%。

【病理诊断】

以淋巴结、骨髓和中枢神经系统的坏死性病变为主。可见脑内弥漫性神经细胞坏死，有出血和严重的中性粒细胞的浸润。病理形态上难以与马脑脊髓炎（东方型和西方型）区别。

对于此病的诊断方法可参考《OIE 陆生动物诊断试验与疫苗手册》（2021 版）和《委内瑞拉马脑脊髓炎检疫技术规范》（SN/T 2833）。

【预防控制】

消灭 VEE 的传播媒介是预防此病的重要措施。我国尚未发现此病，应加强入境检疫。国外现已认可的 VEE 疫苗有弱毒疫苗及灭活疫苗，灭活疫苗有 EEEV/VEEV、EEEV/WEEV/VEEV、EEEV/WEEV/VEEV/破伤风类毒素和 IEEEV/WEEV/VEEV/西尼罗河病毒/破伤风类毒素联价苗出售。

【检疫后处理】

我国尚未发现此病，应加强入境检疫。经检疫发现此病时，应禁止动物调拨、流动。发现此病依法依规处置。

第十三节　西尼罗河热

西尼罗河热（west nile fever，WNF），属于 WOAH 发布的动物疫病通报名录，是国家规定外来马属动物疫病实施被动监测疫病，无规定马属动物疫病区风险管理疫病和我国重点防范的外来人畜共患病。

【病原体】

西尼罗河热是由黄病毒科（*Flaviviridae*）黄病毒属（*Flavivirus*）西尼罗病毒（west nile virus，WNV）引起的急性发热性人畜共患病。此病毒是圆形颗粒，有外膜，由多个鞘蛋白构成的 20 面体，核内是由大约 12 000 个核苷酸构成的单股 RNA。WNV 在基因学上可分为 1 型和 2 型。其中，1 型病毒与人类脑炎有关，1 型病毒已经在非洲、欧洲、亚洲和北美洲分离到；2 型病毒在非洲引起地方性动物病，与人类脑炎无关。WNV 能在乳鼠脑内繁殖，并培养传代，也可在鸡胚中复制，并在绒毛尿囊膜上形成痘斑。此病毒对乙醚和去氧胆酸钠敏感，对低温和干燥的抵抗力强，用冰冻干燥法在 4 ℃ 条件下可保存数年。

【流行病学】

此病发生有明显的季节性和地域性，在非洲、南欧、中亚、西亚和大洋洲等地，呈地方性流行，潜伏期 3～15 d。此病的自然宿主是野鸟，易感动物主要为人和马，也被认为是 WNV 的终末宿主。此病通常由吸血的节肢动物（蚊、蜱、白蛉等）传播，病毒通过"鸟-蚊-鸟、人、动物"的生物传播链在自然界生存。蚊叮咬感染西尼罗病毒的鸟类后便会携带此病毒，病毒在蚊体内，位于蚊的涎腺，经 10～14 d 发育成熟，蚊在叮咬过程中将病毒传播给人或动物，引起发病或隐性感染。近几十年来，西尼罗河热在世界范围内的流行区域不断扩张，最严重的疫情发生在 2003 年北美地区，当年共有 9 862 人患病，其中 264 人死亡，平均死亡率高达 10%，幸存者也将面临长期神经疾病困扰。

我国暂无 WNV 疫情报告，但我国境内有 20 多种蚊子能够传播此病，随着国家之间的交流更加紧密，旅游、贸易更加频繁，再加上野生动物跨境活动等因素，防控此病意义重大。

【临床症状】

以发热、皮疹、淋巴结肿大、肌肉震颤、嘴唇麻痹、共济失调、急性死亡为主要特征，病死率可达 30％以上。临床表现有发热型和脑炎型，发病突然，体温骤升至 40 ℃，病毒通过血脑屏障进入脑实质，侵犯中枢神经系统，可产生脑炎症状。

【病理诊断】

以病毒性脑炎、脑脊髓炎、皮疹、淋巴结肿大、心肌炎、胰腺炎、肝炎等为主要特征。脑炎型脑脊液中淋巴细胞增多，蛋白增高。

对于此病的诊断可参考《OIE 陆生动物诊断试验与疫苗手册》（2021 版）和《西尼罗河热病毒核酸液相芯片检测方法》（SN/T 5044）。

【预防控制】

目前，无针对西尼罗病毒的特效治疗药物。治疗措施主要是对症和支持治疗。媒介蚊虫的防治，应采取综合防治的方法，可采用马拉硫磷、杀螟硫磷等化学方法杀灭幼蚊，将媒介蚊虫的密度尽可能地降低。

【检疫后处理】

发现此病依法依规处置。经检疫发现疫情时，及时切断传播途径，开展蚊媒应急监测和控制。

第十四节 日本脑炎

日本脑炎（Japanese encephalitis）又名流行性乙型脑炎（epidemic encephalitis B），属于 WOAH 发布的动物疫病通报名录，是国家规定实施主动监测的疫病和无规定马属动物疫病区疫病。

【病原体】

日本脑炎是由黄病毒科（*Flaviviridae*）黄病毒属（*Flavivirus*）日本脑炎病毒（Japanese encephalitis virus，JEV）引起的一种人畜共患的蚊媒病毒性传染病。JEV 是一种球形单股 RNA 病毒，各个毒株虽然常在毒力和血凝特性上具有比较明显的差别，但并没有明显的抗原性差异，所引起的免疫力也对西尼罗病毒等呈现一定程度的中和作用以及保护作用。此病毒对外界环境的抵抗力不强，常用消毒剂均对其有良好的灭活作用。

【流行病学】

此病在夏季多雨气候后易发生流行（主要与蚊子大量滋生有关），自然状态下每4～5年流行一次，潜伏期1～2周。马属动物特别是幼驹对此病毒易感，传播媒介主要是三带喙库蚊。越冬蚊的体内可携带病毒并传递给后代，这是此病毒在自然界长期存在的主要原因。野禽特别是苍鹭，是病毒的天然寄主，病毒在其体内增殖而不显示临床症状。在我国有关于马的日本脑炎病例及其发病流行情况。

【临床症状】

此病自然感染大多不表现出临床症状。严重症状初期有短期体温升高表现，可视黏膜潮红或黄染，精神不振，食欲减退等，1～2 d后体温恢复正常，食欲增加并恢复。部分病驴表现为后躯不全麻痹，步行摇摆，容易跌倒，甚至不能站立，这种情况多数预后不良。

【病理诊断】

主要病变有脑积液增多，脑膜轻度充血，可见出血点和出血斑，脑组织软化，脑沟变浅，组织学检查可见非化脓性脑炎变化。在肝、脾、心、肾上腺以及皮下组织中有出血点，并能发现病毒增殖。

由于JEV与其他黄病毒（如西尼罗病毒）有部分的血清学交叉反应，容易误诊，噬斑减少中和试验是特异性最好的一种检测方法。对于此病的诊断可参考《OIE陆生动物诊断试验与疫苗手册》（2021版）。

【预防控制】

此病无特效治疗药物，应积极采取对症治疗。早期以降低颅内压、调整大脑机能、解毒为主要治疗措施，同时防止外伤、继发病变等。

【检疫后处理】

经检疫发现疫情时，要及时切断传播途径，切实做好传染源管理及采取消灭蚊虫等综合措施，做好饲养场所的环境卫生管理。

第十五节　亨德拉病和尼帕病毒病

亨德拉病（hendra diseases）和尼帕病毒病（nipah diseases），是国家规定被动实施监测的疫病和无规定马属动物疫病区风险管理疫病，是一种人畜共患病，会导致严重的呼吸困难，死亡率高。

【病原体】

亨德拉病毒（hendra virus，HeV）和尼帕病毒（nipah virus，NiV）是副黏病毒科

（*Paramyxoviridae*）中两个密切相关的成员，目前划为亨尼帕病毒属（*Henipaviruses*）。两种病毒属于生物安全四级病毒，必须遵守国际准则，严格采取生物安全防护措施。病毒粒子呈球形或丝状，直径 150～200 nm，核衣壳呈螺旋状排列，有囊膜，对理化因素抵抗力不强，离开动物体很快死亡。非洲绿猴肾细胞（Vero 细胞）和兔肾细胞（RK-13）对 HeV 尤其敏感。

【流行病学】

马属动物是唯一能被自然感染的家畜，潜伏期 16 d 左右。自然宿主是果蝠（飞狐），目前还没有发现节肢动物作为媒介的迹象。病毒传播最可能的途径是马属动物采食了被携带病毒的果蝠胎儿组织或胎水污染的牧草等，感染动物的尿液或鼻腔分泌物在密闭环境中更易传播病毒。1994 年 9 月，在澳大利亚昆士兰州府城布里斯班市郊的 Hendra 镇，首次发现亨德拉病，患畜出现严重的呼吸系统症状，此次感染造成 13 匹马和 1 名驯马师死亡。到目前为止，人类的感染病例均是与感染马匹有密切接触者。

【临床症状】

亨德拉病主要特征为严重的呼吸道症状，尼帕病毒病主要特征是急性发热性脑炎，两者均有高致死率。病驴表现为高热，体温可达 41 ℃，精神沉郁，食欲不振，面部水肿，出现严重的呼吸困难，末期出现严重的肺水肿，气管、支气管内充满大量带泡沫的液体，肺泡有浆液性、纤维素性渗出，胸腔和心包积液。

【病理诊断】

其特征为肺淋巴结肿大，肺泡壁有出血或坏死，组织学上表现出多器官小血管变性，毛细血管和小动脉内皮细胞出现含有病毒抗原的合胞体。

血清学试验诊断病毒中和试验（VNT）是目前公认的检测方法。由于特异性抗 NiV 和 HeV 的血清在一定程度上有交叉中和的作用，可用 NiV 和 HeV 作为包被抗原进行 ELISA，检测这两种病毒的抗体。对于此病的诊断可参考《OIE 陆生动物诊断试验与疫苗手册》（2021 版）和《亨德拉病检疫技术规范》（SN/T 4880）、《国境口岸尼帕病毒病监测规程》（SN/T 4282）及《国境口岸尼帕病毒 RT-PCR 和实时荧光 RT-PCR 检测方法》（SN/T 3954）。

【预防控制】

目前尚无特效药物和治疗方法，故必须采用严格的预防措施，加强进境检疫。

【检疫后处理】

我国尚未发现此病，经检疫一旦发现此病，依法依规处置。

第十六节 马冠状病毒病

马冠状病毒病是由马冠状病毒（equine coronavirus，ECoV）引起的一种马新发胃肠道病毒病，成年马感染后主要出现发烧、腹痛和腹泻等症状。目前尚未有马冠状病毒感染人类的报道。

【病原体】

马冠状病毒病是由马冠状病毒引起的一种马新发胃肠道病毒病。马冠状病毒为单股正链，不分节段，有囊膜的 RNA 病毒，属于冠状病毒科（*Coronaviridae*）冠状病毒亚科（*Coronavirinae*），包含一个单链正链 RNA 基因组。马冠状病毒颗粒呈椭圆形或球形，平均直径 120nm。病毒呈复合结构状态，最外层是囊膜，囊膜上存在较短的血凝素酯酶蛋白（HE 蛋白）和较长的纤突蛋白（S 蛋白）；病毒的核衣壳蛋白（N 蛋白）与病毒 RNA 在病毒囊膜内形成螺旋状结构。

【流行病学】

马冠状病毒主要通过带毒马属动物的粪便进行传播，口鼻腔的黏液是潜在的传染源。马冠状病毒主要感染马和驴，且一年四季均有 ECoV 感染的散发病例，但寒冷季节更常见。马冠状病毒在宿主体内潜伏期较短，马属动物感染 48～72 h 表现临床症状，临床症状通常可以持续若干天，偶尔可以持续更长时间，通常在最低限度的支持性治疗下痊愈。

【临床症状】

感染马冠状病毒的马属动物部分呈无症状感染，部分表现为腹痛、发热、嗜睡、食欲不振和腹泻等临床症状。马冠状病毒疫情暴发期间，大部分临床体征异常的马匹经过 PCR 检测后呈阳性，但在受感染的马中只有 20％的马出现腹泻。感染马冠状病毒而死亡的马匹临床表现为体温升高，心率和呼吸频率增加，高乳酸血症、高氨血症（部分马匹大脑皮层出现阿尔茨海默 II 型星形细胞增多症）和弥漫性坏死性肠炎。

【病理诊断】

冠状病毒感染通常始于近端小肠，随后扩散到结肠隐窝细胞，导致绒毛变钝随后萎缩，上皮细胞的缺失导致动物营养物质的吸收和消化不良，出现急性腹泻症状。

【预防控制】

马冠状病毒病目前还没有有效的疫苗或抗病毒药物，因此预防此疾病只能通过实施检疫、严格隔离和保持环境卫生等措施来实现。加强饲养管理、定期对圈舍进行消毒、及时清理粪便、按时通风换气，为动物提供舒适干净的饲养环境，可以有效预防马冠状病毒的感染。

【检疫后处理】

经检疫确认马冠状病毒感染后，应严格采取隔离措施；同群的其他马属动物或与之密切接触的马属动物应在其他圈舍隔离，每天进行临床检查和测量体温。

第四章　细　菌　病

第一节　马　鼻　疽

马鼻疽（glanders）属 WOAH 发布的必须通报的动物疫病名录，是我国规定的二类动物疫病、国家规定实施监测的疫病、二类进境动物检疫疫病、产地检疫和屠宰检疫以及无规定马属动物疫病区疫病。

【病原体】

马鼻疽是由伯克氏菌科（*Burkholderiaceae*）伯克氏菌属（*Burkholderia*）鼻疽伯克氏菌（*Burkholderia mallei*）引起的一种接触性、传染性致死疫病。此菌属于生物安全三级病原，必须遵守国际准则，严格采取生物安全防护措施。鼻疽伯克氏菌此前被称作鼻疽假单胞菌，是无芽孢和荚膜的杆菌，属需氧和兼性厌氧菌，生长最适宜温度为 37～38 ℃，对外界的抵抗力不强，无运动性，实验动物中以猫、仓鼠和田鼠最敏感。

【流行病学】

此病没有明显的季节性，呈散发或地方性流行，如不及时采取根除措施将长期存在，并多呈慢性或隐性经过，《OIE 陆生动物卫生法典》（2019 年第 28 版）规定的潜伏期为 6 个月。该病的传染源是患病动物（鼻分泌物、溃疡的脓液），传播途径主要是消化道，也可经呼吸道、交配和胎盘等途径感染，犬、猫等家养动物以及虎、狮、狼等野兽均有感染此病的报道。感染此病的驴、骡等多呈急性经过，马多呈慢性经过。目前，此病在一些亚洲、非洲和南美洲国家依然存在。2005 年，西藏自治区通过消灭马鼻疽考核验收，标志着我国成功消灭马鼻疽并保持全国无疫，这也是我国消灭的第一种人畜共患病。但应当注意的是，此病可能通过进口宠物或赛马引入成为再发疫病，2018 年 7 月，在我国某地区就发生了一次输入性疫情。

【临床症状】

以在鼻腔、喉头、气管黏膜或皮肤上形成鼻疽结节、溃疡和瘢痕，在肺等实质器官发生鼻疽性结节为特征。根据机体抵抗力的强弱，可分为急性型鼻疽、慢性型鼻疽和隐性型鼻疽。

急性型鼻疽：多见于骡和驴，出现高热（39～41℃）和呼吸道症状（肺炎、鼻腔肿胀和呼吸困难），往往在发病后1～4周内死亡。临床表现为鼻腔鼻疽、肺鼻疽和皮肤鼻疽3种形式。常以肺鼻疽开始，后继发鼻腔鼻疽，表现鼻黏膜红肿、流黄脓性或带血鼻涕，重者鼻中隔穿孔；皮肤鼻疽多发生在后肢、胸、头颈等部位，皮肤肿痛形成结节，软化后溃疡。

慢性型鼻疽：在鼻中隔溃疡形成放射状瘢痕，不断流出少量黏脓性鼻汁，成为开放性鼻疽，全身症状不明显或逐渐消失，显著消瘦，被毛粗乱无光泽。

隐性型鼻疽：鼻孔中流出脓性带血的灰绿色分泌物，呼吸道黏膜肿胀，呼吸困难，身体各处皮下出现鼻疽结节或溃疡，经过1～2周后常因腹泻而死亡。

【病理诊断】

以鼻疽性结节和鼻疽性肺炎为特征。早期，肺脏、肝脏、脾脏等器官的鼻疽性结节以渗出性结节为主，结节大小不一并伴有充血和出血的变化。随着病情的发展，转化为增生性结节，中心坏死、化脓、干酪化，周围被增生性组织形成的红晕包裹。后期，结节性病灶或者吸收自愈或者被钙化，同时可见淋巴管化脓形成糜烂性溃疡，全身淋巴结出现髓样肿胀，进而形成干酪样的结节。

根据鼻疽菌素变态反应试验（含鼻疽菌素点眼试验和鼻疽菌素皮内注射试验）、补体结合试验等进行综合诊断。其中，补体结合试验是马鼻疽国际贸易指定的检测方法，对于此病的诊断可参考《马鼻疽诊断技术》（NY/T 557）。

【预防控制】

马鼻疽是我国已经消灭的动物疫病，要坚决维持消灭状态。此病尚无可用的疫苗，发病后不允许治疗。

【检疫后处理】

发现疫情应立即按照国家相关规定上报，并按照国家发布的《马鼻疽防治技术规范》最新版依法依规处置。

第二节　类　鼻　疽

类鼻疽（melioidosis）属于国境口岸重点检疫的生物恐怖病原，对家畜及人类有较大威胁。

【病原体】

类鼻疽是由伯克氏菌科（*Burkholderiaceae*）伯克氏菌属（*Burkholderia*）类鼻疽伯克氏菌（*Burkholderia pseudomallei*）引起的一种接触传染性疾病。类鼻疽伯克霍尔德菌是在热带地区土壤和水中的一种常见菌，此菌主要抗原有特异性耐热多糖抗原、不耐热蛋白质共同抗原和鞭毛抗原，外毒素为坏死毒素，内毒素具有免疫原性。根据抗原的耐热性又分为：Ⅰ型，具有耐热及不耐热抗原，主要存在于亚洲；Ⅱ型，仅具有不耐热抗原，主要存在于澳大利亚和非洲地区。此菌在血琼脂上生长良好，在自然条件下抵抗力较强，在自然土壤和水中可存活 1 年，不耐高热和低温，对一般常用的消毒剂敏感。

【流行病学】

此病的流行程度与环境的温度、湿度及土壤的性状有密切的关系，雨季为高峰期。类鼻疽主要的传染途径是由皮肤伤口接触到受病菌污染的土壤或水感染，也可能经由吸入、食入受污染的水而受感染。此菌侵袭动物的范围广泛，可随感染动物迁移扩散污染环境，形成新的疫源地。此病的流行区域以东南亚、大洋洲北部等热带地区为主，我国的疫源地主要分布在湖南、贵州、福建、海南、广东、广西等地。

【临床症状】

感染此菌后的症状比较复杂，一般归结为肠炎型、脑炎型和肺炎型。

肠炎型：急性症状表现为体温升高、食欲废绝、呼吸困难、腹泻、疝痛；慢性症状表现为虚弱和水肿，有的在鼻黏膜上出现结节，流黏液脓性鼻液。

脑炎型：表现为眼球震颤、步履蹒跚、肌肉痉挛或强直、角弓反张、横卧倒地，死亡率极高。

肺炎型：表现为咳嗽、呼吸困难、发热、腹泻、食欲废绝、出血斑等，主要侵犯肺脏，常造成肺炎、肺部空洞，也可能侵犯肝脏、脾脏、肾脏、皮肤等器官。

【病理诊断】

主要病变表现为组织器官发生化脓性炎症和特异性肉芽肿结节，坏死组织中有中性粒细胞和大量的致病菌。其中，慢性类鼻疽以肺部及淋巴结病变为特征，病灶呈现中性粒细胞组成的中心坏死及周围肉芽肿。

最敏感的确诊方法是通过接触仓鼠或豚鼠细菌分离，对可疑的菌落用抗类鼻疽阳性血清做凝集试验或用类鼻疽单抗进行间接 ELISA 鉴定。对于此病的诊断可参考《国境口岸类鼻疽伯克霍尔德菌的实时荧光 PCR 检测方法》（SN/T 4275）。

【预防控制】

对此病的预防主要采取严格的防疫卫生措施，防止此菌污染的水和土壤经损伤的皮肤、黏膜造成感染。治疗可选用数种敏感的抗菌药物联合治疗，如氯霉素类、卡那霉素类、四环素类和氨基糖苷类等。

【检疫后处理】

从疫源地进口的动物应严格进行入境检疫，防止疾病传入。加强重点地区的监测，密切关注相关信息和国内外疫情动态。

第三节 放线菌病

放线菌病（actinomycosis）又称大颌病（lumpy jaw），广泛分布于世界各地，对畜牧业的发展危害较大。

【病原体】

放线菌（*Actinomyces*）属于放线菌科（*Actinomycetaceae*）放线菌属（*Actinomyces*），有布氏放线菌、伊氏放线菌、牛放线菌、龋齿放线菌和黏性放线菌5个种，其中对人和动物致病的主要是伊氏放线菌和牛放线菌。放线菌属无芽孢、无运动性、非抗酸性、呈分枝状或棍棒状的革兰氏染色阳性杆菌。在自然环境中的放线菌多数为腐生型异养菌，对日光的抵抗力很强，在自然环境中能长期生存，可被普通消毒剂杀灭。

【流行病学】

此病的主要传染源是牛、羊、猪、马（驴）、鹿等，主要侵害骨骼等硬组织，有时损害到喉、食道、肝、肺及浆膜，但不经淋巴系统扩散。细菌平时多存在于污染的饲料和饮水中，当接触到齿槽及口腔黏膜的损伤时，细菌趁机由伤口侵入舌、唇、齿龈、腭及附近淋巴组织。

【临床症状】

在颌部、颈部或鬐甲部容易发生放线菌肿，初期颌骨有不能移动的肿胀，触之有痛感，1～2月内可能蔓延至面骨，口腔内的硬腭肿大，破溃后流出灰黄色或白色干酪样脓液，有些病例可使骨质损坏，感染的公驴精索可呈现硬实无痛觉的硬结。

【病理诊断】

在病灶的脓汁中形成黄色或黄褐色的颗粒状物质，外观似硫黄，直径2～5 mm。严重病症骨头发生稀疏性骨炎，皮肤表面常有瘘管和肉芽性肿。

临床上应注意与口疮、结核病及普通化脓菌所引起的脓肿进行区别诊断。对于此病的诊断可参考《家畜放线菌病病原体检验方法》（NY/T 3406）。

【预防控制】

可通过加强饲养管理和环境卫生管理防控此病。浅部病灶及窦道脓肿等应切除或切开引流进行局部治疗，对此病使用大剂量β-内酰胺类抗生素＋青霉素治疗有一定疗效，其他如林可霉素、四环素类、酰胺醇类、链霉素、磺胺类、氨基糖苷类等亦有一定疗效。

【检疫后处理】

加强饲草料的管理，发现患病动物后，应将患病动物隔离，防止口腔黏膜、皮肤发生损伤，有伤口时及时处理治疗。

第四节 马 腺 疫

马腺疫（equine strangles）俗称喷喉，是我国规定的三类动物疫病、进境动物检疫、产地检疫和屠宰检疫的疫病。

【病原体】

马腺疫是由C群链球菌中的马链球菌马亚种（*Streptococcus equi species*，旧称马腺疫链球菌）引起的一种急性接触性传染病。菌体呈球形或椭圆形，革兰氏染色阳性，在病灶中菌体呈长链串珠状，在培养物和鼻液中为短链。根据马链球菌遗传特性的研究表明，几个亚种均由马链球菌兽疫亚种变异而来。此菌有荚膜，对外界环境抵抗力较强但不耐热，在沸水中立即死亡，对一般的消毒剂如5％石炭酸、3％～5％来苏尔敏感。

【流行病学】

此病多发生于春秋季节，潜伏期为1～8 d。传染源为患病和病愈后的带菌动物，以马最易感，骡和驴次之，主要侵犯刚断奶至3岁的驴，以1岁左右的幼驹发病率最高。主要经上呼吸道、消化道感染，也可通过创伤和交配感染。马腺疫链球菌属于条件致病菌，广泛分布于正常体内，一般在饲养管理不当、环境卫生差、冷热交替以及突然断奶等因素作用下引起发病。随着马、驴养殖产业的迅速发展，马腺疫疫情又重新"抬头"。2015年，王彩蝶等在新疆调查显示，2 549份样品的马腺疫链球菌抗体平均阳性率为23.93％，在昭苏马场疫情发病率为80％～100％。

【临床症状】

以发热、上呼吸道及咽黏膜呈卡他性炎症为特征。头部淋巴结尤其是下颌淋巴结、咽后淋巴结化脓肿胀，有时会发生内部器官的转移性脓肿以及肺炎等。随着疾病的发展，脓肿的中心被毛脱落，破溃流出大量黄白色黏稠的脓液。临床常见有一过型腺疫、典型腺疫和恶性型腺疫3种病型。

一过型腺疫：表现鼻黏膜卡他性炎症，流浆液性或黏液性鼻汁，体温稍高，颌下淋巴结肿胀，多见于流行后期。

典型腺疫：表现病畜体温突然升高（39～41 ℃），鼻黏膜潮红、干燥、发热，流浆液性鼻汁，后变为黄白色脓性鼻汁，颌下淋巴结急性炎性肿胀，起初较硬，触之有热痛感，之后化脓变软，破溃后流出大量黄白色黏稠脓汁，创腔内肉芽组织增生，一般预后良好，病程约 23 d。

恶性型腺疫：如果病畜抵抗力弱，饲养、治疗不当，病原菌可由颌下淋巴结的化脓灶经淋巴管或血液转移到其他淋巴结及内脏器官，造成全身性脓毒败血症，常导致死亡。

【病理诊断】

主要病变在鼻、咽黏膜有出血斑点和黏液脓性分泌物，颌下淋巴结显著肿大并有炎性充血，后期形成核桃至拳头大的脓肿。有时可见到化脓性心包炎、胸膜炎、腹膜炎及在肝、肾、脾、脑、脊髓、乳房、睾丸、骨骼肌及心肌上有大小不等的化脓灶和出血点。

根据临床症状和流行病学可作出初步诊断，病原学检查按照《链球菌生化编码鉴定手册》（GYZ‑12ST）进行菌落特性鉴定，分子生物学诊断可参照《马腺疫诊断技术》（NY/T 571）进行。

【预防控制】

控制传染源，切断传播途径。在此病流行时，可使用磺胺类抗菌剂拌料进行预防，首次剂量加倍，连续使用 3 d。注意在急性症状发生之后 3～4 周，病原在患病动物排出3～4 周后仍可存在，因此可能需要隔离更多时间，一般为鼻拭子 3 次 PCR 检测结果为阴性，才可解除隔离。处于化脓期时，可涂抹适量鱼石脂软膏、10％～20％松节油软膏等促使成熟，然后做好创口的清洁工作。目前对于马腺疫是否应该使用抗生素尚有争议，过早使用抗生素可能导致脓肿成熟破溃减慢而延长病程。

【检疫后处理】

马腺疫的传播能力极强，要做好生物安全防护措施。治疗期间要给予高营养、适口性好的青绿多汁饲料和清洁的饮水。

第五节 马流产沙门氏菌病

马流产沙门氏菌病（equine abortus salmonellosis）属于进境动物检疫疫病。

【病原体】

马流产沙门氏菌病是由马流产沙门氏菌（*Salmonella abortus‑equi*）或鼠伤寒沙门氏菌（*Salmonella typhimurium.*）引起的一种以孕畜流产为主要特征的马属动物传染病，鼠伤寒沙门氏菌属于非宿主适用性病原，马流产沙门氏菌只有一个血清型且只感染马属动物。本菌为胞内菌，可在消化道、淋巴组织和胆管内长期存在，当机体免疫力下降时，病原菌迅速繁殖并引起内源性感染致病。初生驹可由胎盘感染或产道内感染发病。马流产沙门氏菌为两端钝圆的革兰氏阴性杆菌，无芽孢与荚膜，对干燥、日光等具有一定的抵抗力，在外界可生存数周或数月。

【流行病学】

此病一年四季均可发生，尤以春秋两季最为频发，在多雨潮湿季节更易发生，潜伏期 1～10 个月不等。该病主要传染源是病畜和隐性带菌者，自然感染途径主要是经消化道感染，也可通过交配或人工授精感染。孕畜流产时，大量病原菌随流产胎儿、胎衣、羊水及阴道分泌物一起排出而使草地、饲料、饮水等受到污染。此病一般呈散发，目前此病呈地方性蔓延的趋势。2014 年，我国内蒙古东部地区最先出现大批马流产，流产率高达 66.7%。此后的几年，此病在我国多地的马、驴养殖场持续流行，流产率为 30%～100%。随着我国马、驴产业的高质量发展，马流产沙门氏菌病随时面临着暴发的危险。

【临床症状】

其特征为孕驴流产以及新生幼驹多发性关节炎、败血症、肠炎等副伤寒症状。临床表现为病畜厌食、精神沉郁、高热和共济失调，腹泻是较常见的表现，粪便带多量黏液或血迹。孕驴多在怀孕 7～10 个月幼驹已发育成形时集中流产。公驴表现为睾丸炎、四肢局部肿胀和鬐甲肿，精液可长期带毒。作者课题组发现此病菌可突破血脑屏障，胎儿皮肤、黏膜、浆膜及实质脏器呈现黄染和出血性败血症变化。

【病理诊断】

主要病变是纤维素性坏死性肠炎（常见后段肠管）或出血性坏死性肠炎，最典型的显微病变是黏膜坏死，伴有纤维蛋白沉积，其次是淋巴滤泡中心坏死和血管炎症。肝脏硬肿和实质变性，心肌和肾脏变性。

对于此病的诊断可参考《马流产沙门氏菌凝集试验方法》（SN/T 1382）、《马流产沙门氏菌病诊断技术》（NY/T 570）。分子生物学 PCR 诊断，可根据马流产沙门氏菌 FimW 基因设计。

【预防控制】

严格执行兽医卫生防疫措施，推广人工授精技术有助于减少此病的传染，避免由于配种、产驹时的季节和气候变化或饲养管理不当等因素引发此病。流产胎儿、胎衣以及污染物等要及时清除并进行无害化处理。抗生素使用能够抑制细胞外细菌生长，但当停止使用时，由于胞内细菌大量繁殖，会再次引起感染。体外试验敏感抗生素有氨基糖苷类抗生素（庆大霉素）、β-内酰胺类抗生素（头孢噻呋钠或头孢喹肟）以及恩诺沙星、诺氟沙星等喹诺酮类药物。如发生子宫内膜炎及全身症状时，按子宫内膜炎的常规方法处理。早在 20 世纪 80 年代，我国就已成功研制用于预防沙门氏菌马流产的 C355 弱毒菌苗，目前已将沙门氏菌马流产活疫苗 C355 恢复生产，用于预防马属动物的流产，每年免疫 2 次。其他相关研究成果马流产沙门氏菌灭活疫苗（CGMCC No.18341）和驴沙门氏菌流产灭活疫苗（CGMCC No.18342）已经进入临床试验申报阶段。

【检疫后处理】

在发病的地区对病驴及时隔离治疗，对环境进行消毒，对健康驴采取隔离措施，新引进的驴要隔离观察，有条件的地区建议进行疫病净化。

第六节　幼驹大肠杆菌病

幼驹大肠杆菌病是由致病性大肠杆菌引起的急性接触性传染病，养殖中，幼驹大肠杆菌病的威胁不容忽视。

【病原体】

幼驹大肠杆菌病是由某些条件致病性大肠杆菌（*Escherichia coli*）而引起的急性接触性传染病。大肠杆菌是肠道杆菌科中埃希氏菌属（*Escherichia*）代表菌，此菌抗原成分复杂，根据菌体抗原（O）、鞭毛抗原（H）和表面抗原（K）的不同分为多型，其中致 Vero 细胞病变的大肠杆菌（VTEC）有 100 多种不同血清型，如大肠杆菌 O157、O26、O91、O103、O104、O111、O113、O118、O121、O128、O145 等。大肠杆菌是体内常在菌，需要进行动物攻毒试验确定其致病性，对于能引起幼驹大肠杆菌病的病菌的血清型还需要继续研究。

【流行病学】

此病一年四季均可发生，以 4 月末至 5 月初较为多发。此病通过消化道传播，被病原菌污染的粪便、圈舍、饲料、水槽及饮水等均可传播，也可通过脐带或分娩时经产道传播。此病主要侵害 2～7 日龄的新生驴驹，病死率为 10%～20%。母驴可以通过产道传播，造成驴驹感染发病。此外，驴驹出生后短时间内即可随乳汁或其他途径进入胃肠道，成为肠道正常菌，当新生驴驹抵抗力降低或发生消化障碍时发病。

【临床症状】

主要特征是呈现剧烈的下痢和败血症症状。幼驹腹泻病例中一般都可以分离到致病性大肠杆菌，在各种肺炎感染引起的败血症病例中也常分离到致病性大肠杆菌。发病初期驴驹体温升高、精神沉郁、食欲不振、粪便粥样或水样，剧烈腹泻，发病中期出现脱水、站立不稳、喜躺卧，发病末期食欲废绝、消瘦、腹泻和便秘交替发生，最终多因败血症和全身微循环衰竭致死。

【病理诊断】

胃黏膜脱落、有出血点，肠道有出血性炎症，心内膜和外膜有出血点，脾脏肿大，淋巴结肿大出血。当病程长时可见关节肿大，关节腔内有红、黄色液体。

对于此病的诊断可参考《OIE 陆生动物诊断试验与疫苗手册》（2021 版）中产 VT 毒素大肠杆菌的诊断。目前，基于血清学试验已有检测大肠杆菌 O157、O26 等的商品化乳胶试剂盒。

【预防控制】

预防幼驹大肠杆菌病，一是要做好妊娠母驴的饲养管理，使幼驹在胚胎时期得到良好的发育；二是确保幼驹吃到充足的初乳；三是圈舍要卫生、保暖、通风。尽早对症筛选敏感的抗生素药物进行治疗。目前，还没有针对 VETC 的商用疫苗，但分离当地优势血清型的菌株对母驴和驴驹进行紧急免疫，效果较好。

【检疫后处理】

生物安全防控是主要的措施。对污染的驴舍、运动场以及饲喂用具等可以使用 2%～4% 氢氧化钠、聚维酮碘等进行消毒。

第七节　炭　　疽

炭疽（equine influenza）属 WOAH 发布的必须通报的动物疫病名录，是我国规定的二类动物疫病，主要感染草食动物，也可感染包括人在内的所有哺乳动物及某些鸟类。

【病原体】

炭疽是由芽孢杆菌属（*Bacillus*）炭疽杆菌（*Bacillus anthracis*）引起的一种急性传染性人畜共患病。炭疽杆菌是需氧芽孢杆菌属中的一种长而粗的革兰氏阳性大杆菌。致病性主要来自炭疽杆菌的荚膜和本身产生的毒素，荚膜由 D-谷氨酸多肽组成，能抑制抗体和抵抗吞噬细胞的吞噬作用，促进此菌入侵后繁殖。所产生的毒素可以增加微血管的通透性，改变血液正常循环，干扰糖代谢，损害肝脏功能。炭疽杆菌经血琼脂板过夜培养，可形成典型菌落，患病的样本材料内的炭疽杆菌常单个存在或 2～3 个菌体连成竹节状短链。此菌在氧气充足和温度适当的条件下，具强大的抵抗力，在干燥的室温环境中可存活 20 年以上，在皮毛中可存活数年。炭疽杆菌受低浓度青霉素作用，菌体可肿大形成圆珠，即"串珠反应"，这也是炭疽杆菌特有的反应。

【流行病学】

此病一年四季均可发生，以炎热多雨或炎热干旱季节多发，潜伏期 1～5 d，最长可达 14 d。此病以草食动物最易感，其次是食肉和杂食动物。家畜动物中发病率最高的是牛、羊，马、骡、驴次之。此病主要经消化道、呼吸道和皮肤感染，其次经被芽孢杆菌污染的垫草、水源、工具或吸血昆虫引发感染。已感染炭疽的动物是最主要的传染源，如果对发病动物处理不当，可导致炭疽病传播并形成永久性疫源地。炭疽几乎遍及世界各地，在南美洲、非洲和亚洲等牧区多见。

【临床症状】

以突然高热、可视黏膜发绀、天然孔流出煤焦油样血液和中毒性休克以及死亡为主要特征。舌炭疽多见呼吸困难，发绀；肠炭疽多见腹痛明显。病驴出现 42 ℃高热，呼吸急促，常见乳房、肩及咽喉等部位水肿，急性病例一般经 1～1.5 d 后死亡。死后天然孔出血、尸僵不全、血凝不良、尸体迅速腐败。

【病理诊断】

主要病理变化为各脏器组织的出血性浸润、坏死和水肿。可视黏膜发绀、血液呈暗紫红色，出血凝固不良。皮下、肌间、咽喉等部位有浆液性渗出及出血。淋巴结肿大充血，切面潮红。脾脏高度肿胀，可达正常数倍，脾髓呈黑紫色。皮肤炭疽呈痈样病灶，皮肤上可见界限分明的红色浸润，中央隆起呈炭样黑色痂皮，四周为凝固性坏死区。镜检可见上皮组织呈急性浆液性出血性炎症，间质水肿显著，组织结构离解，坏死区及病灶深处均可找到炭疽杆菌。

对于此病的诊断可参考《OIE 陆生动物诊断试验与疫苗手册》（2021 版）和《动物炭疽诊断技术》（NY/T 561）。

【预防控制】

在炭疽病疫源区和受威胁区必须每年定期做好免疫接种工作，可使用无毒炭疽芽孢疫苗、Ⅱ号炭疽芽孢疫苗等。严禁在非生物安全条件下，对疑似炭疽动物、炭疽动物的尸体进行剖检。

【检疫后处理】

发现可疑疫情时，立即向疫情所在地县（市、区）农业农村（畜牧）部门或动物疫病预防控制机构报告，应对患病动物作无血扑杀处理，对同群动物立即进行强制免疫接种，依法依规处理。

第八节 单核细胞增生李斯特菌病

国际上公认的能引发李斯特菌病（listeriosis）的有 7 个菌株：单核细胞增生李斯特菌（*Listeria monocytohenes*）、绵羊李斯特菌（*Listeria iuanuii*）、英诺克李斯特菌

（*Listeria innocua*）、威尔斯李斯特菌（*Listeria innocua*）、西尔李斯特菌（*Listeria seeligeri*）、格氏李斯特菌（*Listeria grayi*）和默氏李斯特菌（*Listeria murrayi*），其中单核细胞增生李斯特菌是唯一能引起人类感染的一种人畜共患病病原菌。近年来，李斯特菌病已日益成为全球性疾病，已有 20 多个国家将其列为"食品致病菌"，防控此病对公共卫生意义重大。

【病原体】

单核细胞增生李斯特菌，为革兰氏阳性杆菌，两端钝圆，偶有球状、双球状，无芽孢，在营养丰富的环境中可形成荚膜。此菌广泛存在于自然界中，迄今已发现 42 种哺乳动物，22 种禽类、鱼类、甲壳类等可感染。根据菌体（O）抗原和鞭毛（H）抗原，将单核细胞增生李斯特氏菌分成 13 个血清型，分别是 1/2a、1/2b、1/2c、3a、3b、3c、4a、4b、4ab、4c、4d、4e、"7"。致病菌株的血清型一般为 1/2b、1/2c、3a、3b、3c、4a、1/2a 和 4b。此菌属兼性厌氧菌，对营养要求不高，在土壤、粪便、青贮饲料和干草内能长期存活。此菌是一种细胞内寄生菌，宿主对它的清除主要靠细胞免疫功能，对理化因素抵抗力较强。

【流行病学】

主要发生于冬季或早春，发病较急，潜伏期 2～3 周，有的只有数天。各种年龄动物都可以发病，以幼龄和妊娠母畜易感，传染源为患病动物和带菌动物，通过粪尿、乳汁、流产胎儿、子宫分泌物等排菌，以粪-口的途径进行传播。绝大多数动物呈隐性感染，在食用发酵不完全的青贮饲料、气候突变、感染寄生虫或沙门氏菌等情况下诱发此病。

【临床症状】

以败血症、脑膜炎和单核细胞增多为主要特征。妊娠母驴感染后常发生典型病症，包括精神沉郁、厌食、单侧脸部麻痹，怀孕晚期通常发生流产，年龄较大的病驴多呈现脑炎、转圈（转圈病）症状。

【病理诊断】

有神经症状的病驴，脑膜和脑内有充血、炎症或水肿变化，脑干有化脓灶，血管周围有以单核细胞为主的细胞浸润。流产母驴子宫内膜充血。

对于此病的诊断可参考《OIE 陆生动物诊断试验与疫苗手册》（2021 版）和《出口食品中单核细胞增生李斯特氏菌检验方法　实时荧光 PCR 内标法》（SN/T 5224）、《出口食品中致病菌环介导恒温扩增（LAMP）检测方法　第 4 部分：单核细胞增生李斯特菌》（SN/T 2754.4）。

【预防控制】

平时要做好防疫和饲养管理工作，不要从疫区引进驴。对于单核细胞增生李斯特菌感染治疗，可用 β-内酰胺类、大环内酯类和林可酰胺类等广谱抗生素。

【检疫后处理】

一旦发病，立即隔离治疗，消除诱因，做好公共场所卫生消毒，防范鼠类和其他啮齿类动物。

第九节　肉毒梭菌中毒症

肉毒梭菌中毒症（botulism）是由肉毒梭菌分泌的肉毒毒素引起的一种以运动神经麻痹为特征的中毒性疾病。此病全世界均有分布，多由食入含有内毒毒素的高蛋白腐败性饲料所致。

【病原体】

肉毒梭菌中毒症是由梭状芽孢杆菌属（*Clostridium*）肉毒梭菌（*Clostridium botulinum*）引起的一种人畜共患病。肉毒梭菌为约 $4\ \mu m \times 1\ \mu m$ 的大杆菌，两端钝圆，直杆状或稍弯曲，芽孢为卵圆形，位于次极端或偶有位于中央，有 4～8 根鞭毛，没有荚膜，在不利的环境中很快形成梭状芽孢。此菌是一种专性厌氧的革兰氏阳性杆菌，在适宜的培养基及特定的环境条件下产生一类具有很强毒性的肉毒毒素（神经麻痹毒素）。根据所产生毒素的抗原性不同，肉毒梭菌毒素分为 A、B、Ca、Cb、D、E、F、G 共计 8 个型，引起动物发病的主要是 C 型和 D 型，其中 Ca 型多见于禽类，Cb 型面广，D 型多见于牛、羊。此菌对热的抵抗力并不强，但芽孢耐热性极强，在尸体内能存活 6 个月以上，沸水 6 h、干热 180 ℃经 5～15 min 方能将其杀死，用 5% 的石炭酸或 20% 的福尔马林 24 h 才能杀灭芽孢。肉毒毒素对消化液有很强的抵抗力，在动物尸体、青贮饲料及发霉饲料中可以生存数月。

【流行病学】

此病在夏季炎热时期发病率较高，多在局部范围内暴发，潜伏期 3～7 d。病畜及带菌动物是此病的主要传染源，当摄入被肉毒梭菌毒素污染的青贮饲料或发霉腐烂的谷物、干草等可引起发病，临床症状与食入有毒物质的量成正比。

【临床症状】

以运动神经中枢神经麻痹为主要症状。一般由后躯向前躯进行性发展，出现对称性运动神经麻痹，反射机能降低，肌肉紧张度降低，四肢软瘫，共济失调，但意识反射正常，神志清楚，体温不高。发展到前躯后可见流涎、吞咽困难、瞳孔放大和视觉障碍。大量毒素损害中枢神经系统的运动中枢和外周肌肉纤维的神经腱梭，引起膈神经麻痹，进而导致呼吸肌麻痹而窒息死亡。

【病理诊断】

肉毒毒素是一种神经毒素，肉毒毒素由胃肠道吸收后，经淋巴和血行扩散，作用于颅脑神经核和外周神经肌肉接头以及神经末梢，阻碍乙酰胆碱释放，影响神经冲动的传导，导致肌肉的松弛性麻痹。

对于此病的诊断可参考《食品安全国家标准 食品微生物学检验 肉毒梭菌及肉毒毒素检验》（GB 4789.12）。

【预防控制】

此病病程短，死亡率高，治疗效果不理想，重点是控制此病的传染源。目前，有适合牛、羊、骆驼的商用肉毒梭菌中毒症灭活疫苗（C 型），常规疫苗皮下注射，免疫期12 个月。

【检疫后处理】

查明毒素来源并及时清除，提高饲养管理水平，防范饲料腐败发霉，制作青贮饲料时注意避免动物尸体（鼠、鸟类等）混入。

第十节　马传染性子宫炎

马传染性子宫炎（contagious equine metritis，CEM），属于 WOAH 发布的必须通报的动物疫病名录，是我国规定的三类动物疫病、进境动物检疫疫病、国家规定外来马属动物疫病实施被动监测疫病和无规定马属动物疫病区风险管理疫病，防控此病意义重大。

【病原体】

马传染性子宫炎是以生殖道嗜血杆菌（*Haemophilus influenzae*）侵害良种母驴为特征的接触性疫病。病原菌属革兰氏阴性球杆菌，有荚膜、无鞭毛、不能运动。一般消毒剂对此菌无效，平板扩散试验表明其对大环内脂类、氨基糖苷类、四环素类和酰胺醇类抗生素敏感。1977 年，在英格兰首次发现马传染性子宫炎病原引起流行性急性子宫内膜炎，交配后 2 d 就出现大量黏液、灰色阴道分泌物，病畜可逐渐康复至没有任何异常。

【流行病学】

此病多发生于配种繁殖季节，呈散发或暴发感染，自然感染潜伏期为 2～14 d。生殖道血管损伤，淋巴管扩张，难产、助产不当引起产道损伤时可导致病原菌乘机侵入，通过配种传播，或通过被污染的物品和携带污染物的人员传播。病驴和带病驴是此病的主要传染源，主要侵害母驴，患病后可获得一定的免疫力。

【临床症状】

多见产后恶露不净，可见淡灰白色的脓性黏液或脓性子宫分泌物从阴道中流出，出现呼吸急促、心跳快而弱（100 次/min 以上）、食欲废绝、精神委顿、有时呈昏睡状态等症状，大便干而少，尿少而浓，泌乳量骤减。未经产母驴触诊子宫体积不同程度增大，患病驴的子宫质地常常变硬失去弹性。

【病理诊断】

以子宫黏膜粗糙、充血和水肿为特征。

对子宫的形态学诊断可以使用直肠检查或超声检查进行，另外可采集泌尿生殖道的棉拭子，进行细菌分离培养生化鉴定、血清学鉴定，对于此病的诊断可参考《马传染性子宫炎检疫技术规范》（SN/T 2986）。

【预防控制】

目前，对于驴子宫炎的研究还不够深入，需要进一步探明其具体的病原、发病机制以及适合我国规模化养驴条件下的防治方法。

对于任何类型的子宫炎，可于子宫内局部使用广谱抑菌、杀菌剂，可使用青霉素、链霉素等混合物连续冲洗子宫 3～5 d，直至冲洗液清澈，同时根据药敏试验结果，选择合适的抗生素进行全身用药或宫腔内注射留药。炎症较重时可冲洗子宫后，使用缩宫素肌内注射，以促进子宫内脓液的排出。治疗后 1～2 周后开始采集标本，每次间隔不少于 7 d，连续 3 次标本阴性为治愈指标。在规模化驴场，除生殖道嗜血杆菌外，混合感染化脓性放线菌、链球菌、埃希氏大肠杆菌和葡萄球菌等致病菌的驴往往更加难以治愈，是目前驴不孕中最常见的病因。中兽医则根据辨证施治原则，使用具有抗炎、抗菌作用的中药进行治疗，如金银花、黄连、红花等，以减轻症状，增强驴的免疫力。

【检疫后处理】

早诊断，及时隔离治疗或淘汰是控制此病的关键。实施严格检疫和配种卫生措施，防止母驴子宫感染。患有生殖器官炎症的病驴在治愈前不宜配种。在分娩接产及难产助产时必须做好消毒工作，预防性控制可在产后 7 d 用 0.1% 的高锰酸钾溶液、1%～5% 盐水冲洗子宫或向子宫内注入青链霉素溶液以减少子宫炎的发生。

第十一节　布鲁氏菌病

布鲁氏菌病（brucellosis），属于 WOAH 发布的必须通报的动物疫病名录，是我国规定的二类动物疫病和进境动物检疫疫病，是一种人畜共患疫病，容易引起严重的贸易限制。

【病原体】

布鲁氏菌病是由布鲁氏杆菌（*Brucella*）引起的，主要侵害生殖系统的一种慢性传染病。布鲁氏杆菌属于生物安全三级病原，必须遵守国际准则，严格采取生物安全防护措施。布鲁氏杆菌为革兰氏阴性小杆菌，根据其病原性、生化特性等不同，可分为 20 多个生物型，其中有 6 个生物型具有致病性，以马耳他热布鲁氏菌（*Brucella melitensis*）危害最大，能产生较强的内毒素，引起动物慢性长期感染和反复感染。各种布鲁氏杆菌虽有其主要的宿主动物，但存在宿主转移现象，驴、马一般为隐性感染。布鲁氏杆菌可在皮毛、水中和干燥的土壤中存活数周至数月，对高温、高湿和光照的耐受性不强，巴氏消毒法和超高温灭菌法足以有效杀灭布鲁氏杆菌。

【流行病学】

此病一年四季均可发生，在产驹期多发，常呈地方性流行，以地中海地区、亚洲及中南美洲为此病的高发地区。患病和带菌动物是主要传染源，可通过消化道感染，也可通过交配传播、吸血昆虫叮咬传播和经受损皮肤黏膜或眼结膜接触传播。在患病母畜流产或分娩时，大量布鲁氏杆菌同胎儿、羊水、胎衣、阴道分泌物、乳汁等排出，污染周围环境。2008 年，Ribeiro 报道可感染马（驴）的 3 种布鲁氏杆菌生物型：牛布鲁氏杆菌（*Brucella abortus*）、猪布鲁氏杆菌（*Brucella suis*）和犬布鲁氏杆菌（*Brucella canis*）。目前，作者课题组没有发现驴布鲁氏杆菌的感染。

【临床症状】

以双向热、关节炎、鬐甲脓肿、侵害生殖系统为主要特征。驴一般为隐性感染，不会引起较明显的临床发病。发病期间有发热、炎性疼痛和非化脓性炎症症状。母驴较公驴易感，导致不孕不育、流产，幼驹则有一定的抵抗力。

【病理诊断】

病驴主要表现为子宫、乳房、睾丸等生殖器官的炎性反应（渗出、坏死、化脓或干酪化）及细胞增生形成肉芽肿（结节由上皮样细胞及巨噬细胞组成），流产胎儿主要呈败血症病变。

虎红平板凝集试验（RBPT）和试管凝集试验（SAT）是目前常用的检测方法。对于此病的诊断可参考《动物布鲁氏菌病诊断技术》（GB/T 18646）。

【预防控制】

加强养殖场的生物安全，严格检疫（每年 2 次）措施，一经确诊一律淘汰，对于此病禁止治疗。虽然驴场发生的风险较低，但是驴可能作为传染源或无症状携带者存在，需要保持警惕。

【检疫后处理】

发现疫情，应当及时向当地动物防疫监督机构报告，依法依规处置，有条件的应进行种群净化。

第十二节　破　伤　风

破伤风（tetanus）又名强直症、箍嘴风、锁口风，是由破伤风外毒素引起的一种人畜共患急性中毒性传染病，防控此病意义重大。

【病原体】

破伤风是由厌氧芽孢梭菌属破伤风梭菌（*Clostridium tetani*）引起的一种急性中毒性传染病。破伤风梭菌无侵袭力，仅在局部伤口生长繁殖，不侵入血循环，其致病作用主要由产生的外毒素引起。破伤风外毒素可被胰蛋白酶处理分解为 α、β、γ 组分，以其各自引起的不同临床效应分别称为破伤风痉挛毒素（tetanospasmin）、破伤风溶血素（tetanolysin）和纤维蛋白溶酶（fibrinolysin），除破伤风溶血素可引起溶血和局部组织坏死外，主要导致临床发病的为破伤风痉挛毒素。破伤风梭菌属专性厌氧菌，在厌氧环境下繁殖，形成繁殖体并产生毒素，当环境条件不利时则形成破伤风芽孢，芽孢位于菌体一端，形似鼓槌状，对外界环境有很强的抵抗力，在土壤中可存活数年，易被煮沸及消毒剂杀灭。

【流行病学】

破伤风梭菌以芽孢形态广泛存在于大自然，在阴雨潮湿时易发，潜伏期长短与感染创伤性质、部位及感染强度有关，一般为 1～14 d。各种家畜均有易感性，其中以奇蹄目的马属动物较易感，新生幼驹、驴驹被感染性更强。常见于各种创伤局部伤口处，如断脐、去势、产后创伤感染等，在临床上有些病例查不到伤口。

【临床症状】

其特征为全身骨骼肌或某些肌群呈现持续强直性痉挛，反射机能亢进。病驴表现步态不稳，运动障碍，转弯或后退困难，采食和咀嚼障碍，颈部和四肢僵直，尾根高举，机体对外界刺激反应兴奋。

【病理诊断】

多见血液凝固不全，呈暗红色，肺脏充血及高度水肿，脊髓与延髓的运动神经细胞有水肿、核肿大及溶解现象，破伤风溶血素可引起心肌损害与局部组织坏死。局部伤口有炎症及组织坏死，通常是由杂菌引起。

诊断主要靠外伤史及典型的临床表现，通过采集伤口渗出物做涂片检查是否有破伤风梭菌可以作为诊断依据，破伤风外毒素的检测可采用酶联免疫吸附试验、间接血凝试验、免疫荧光试验及中和试验等方法。

【预防控制】

原则上以中和毒素、镇静解痉、消除病原为主。在药物干预的情况下，病驴基本都能得到救治。当遇到无免疫、免疫史不清或加强免疫超过 10 年的情况，可注射 1 针破伤风类毒素（马破伤风免疫球蛋白），接受全程免疫接种或加强免疫；当伤口较大较深、有污染、有坏死组织时，应用 3%过氧化氢溶液或 0.1%高锰酸钾溶液冲洗，使用青霉素治疗 3～5 d，同时在对侧部位静脉或肌肉注射破伤风抗毒素。病情表现为轻度痉挛病驴可静脉注射 25%硫酸镁，中度痉挛病驴则可辅以肌肉注射氯丙嗪，重度痉挛病驴则可静脉注射 8%水合氯醛控制痉挛。也可以使用具有祛风疏表、解毒定痉作用的中草药，如五虎追风散，以减轻症状和增强驴的免疫力。

【检疫后处理】

建议规模化的养殖场将对此病的预防纳入程序性管理方案范畴。

第十三节　巴氏杆菌病

巴氏杆菌病（pasteurellosis）又名出血性败血症，是由多杀性巴氏杆菌（*Pasteurella multocida*）所引起，发生于各种家畜、家禽、野生动物和人类的一种传染病的总称。

【病原体】

巴氏杆菌病是由巴氏杆菌科（*Pasteurellosis*）巴氏杆菌属（*Pasteurella*）的多杀性巴氏杆菌引起的急性、发热性、败血性人畜共患病。巴氏杆菌现已确定的种有多杀性巴氏杆菌、嗜肺巴氏杆菌、溶血性巴氏杆菌和鸭疫巴氏杆菌等。此菌主要以其荚膜抗原和菌体抗原区分血清型。此菌属需氧或兼性厌氧菌，在普通培养基上虽然能生长但发育不良，在加有血液、血清或微量血红蛋白的培养基中生长良好。此菌对外界的抵抗力弱，在干燥空气中仅存活 2～3 d，阳光直射下数分钟死亡，一般的消毒液均能将其杀死。

【流行病学】

此病在冷热交替、闷热潮湿、多雨时期发病较多，潜伏期 2～5 d。在营养缺乏、环境改变、长途运输、气候剧变等条件下，驴机体抵抗力降低，容易造成群发。此病主要经消化道感染，其次通过飞沫经呼吸道感染，亦有经皮肤伤口或蚊蝇叮咬而感染的。

【临床症状】

以高热、肺炎和内脏器官广泛性出血为特征。临床上有败血型、浮肿型、肺炎型等。

急性病例以败血症和炎性出血为主要特征，慢性病例则表现为皮下、关节以及各脏器的局灶性化脓性炎症。此病主要感染幼驹，引起高热、脊椎两侧麻痹、腹泻以及头颈部炎性水肿（似河马头）。其中，高热和麻痹型病例病死率可达 90%，疫情发展至中后期，出现腹泻型和水肿型等，预后一般良好。

【病理诊断】

败血型：主要病变是脏器浆膜表面出血性变化，如心脏、肺脏等有出血点，肠道浆膜出血，变成暗红色，硬脑膜充血。

浮肿型：主要表现为咽喉部急性炎性水肿，上呼吸道黏膜呈急性卡他性炎，胃肠呈急性卡他性或出血性炎，颌下、咽与纵隔淋巴结呈急性浆液出血性炎。

肺炎型：主要表现为纤维素性肺炎和浆液纤维素性胸膜炎，肺组织切面呈大理石样病变，胸腔积聚有大量絮状纤维素渗出液，还常伴有纤维素性心包炎和腹膜炎。

诊断病原可采用镜检和分离培养等实验室检查。

【预防控制】

隔离发病动物，对患病驴及时治疗。发病初期可用高免血清治疗，配合药敏试验使用抗生素。

【检疫后处理】

严格执行兽医卫生防疫制度，提高饲养管理水平，消除各种致病因素。对于同群的假定健康动物，可用高免血清、磺胺类药物做紧急预防。

第十四节　马红球菌病

马红球菌病（rhodococcus equi infection）曾被称为幼驹化脓性肺炎，是一种引起幼驹亚急性或慢性化脓性支气管肺炎和广泛性肺部脓肿的疫病，其致死率可达 80%，可造成生产上严重的经济损失。

【病原体】

马红球菌是一种革兰氏阳性兼性胞内寄生菌，是红球菌属中唯一的动物致病种。目前发现的毒力相关蛋白基因众多，尚待进一步研究，其中脂蛋白 A（VapA）是唯一与细菌毒力相关的膜表面脂蛋白，可作为致病性的标志抗原。此菌不产生芽孢，无气生菌丝体和分生孢子，无运动性。此菌可在肥沃的中性土壤中长期存活，对干燥和热有一定抵抗力，马属动物的粪便是其最适宜的生长环境。此菌也是人体机会致病菌，可引起免疫功能受损患者的肺部感染。

【流行病学】

此病以温、湿时节多发，多见于产驹季，呈散发型存在。马红球菌病感染途径尚待进一步研究，可能的途径来源包括被病畜分泌物、排泄物等污染的饲料和饮水经过消化道感染，也可能由于吸入污染的尘埃经呼吸道感染。此病常见于 1～6 月龄的幼驹，以 4 月龄前出现临床症状居多。某些病毒感染、寄生虫侵袭及各种应激反应成为此病的诱因。目前，我国对此病的报道几乎为零，缺乏标准的病原以及血清流行病学调查。

【临床症状】

以慢性化脓性支气管肺炎和广泛性肺部脓肿为主要特征。临床表现早期不明显，常不被注意。当疾病进展到肺炎时，可出现食欲下降、昏睡、发热、呼吸急促、咳嗽、两侧鼻孔排出脓汁。病情严重时，出现重度呼吸困难，部分病例可见腹泻或关节肿大，患驴多在 1～2 周内死亡。

【病理诊断】

典型的病理表现为细胞呈坏死样，样本中可见中性粒细胞的大量微脓肿，有浓密的组织细胞浸润，发现一些同心圆排列的嗜碱性包涵体。

对于马红球菌检测和此病的诊断，可进行病原菌的分离鉴定和分子生物学 PCR 检测。

【预防控制】

对症抗菌治疗，加强饲养管理。马红球菌通常对红霉素、氟喹诺酮类等敏感，对青霉素耐药。马红球菌对黄连、黄芩、大青叶、鱼腥草、连翘、板蓝根及金银花敏感，"黄连＋连翘"联合用药可以增强抑菌活性。

【检疫后处理】

对诊断为马红球菌病的患驴应单独隔离，避免出现交叉感染。保持圈舍通风，增加幼驹营养，以提高自身免疫水平。

第十五节　钩端螺旋体病

钩端螺旋体病是由致病性钩端螺旋体（*Leptospira*）所引起的一种急性、全身感染性人畜共患病。我国有超过 25 个省份有钩端螺旋体病人或带菌动物的报道，因此，防控此病意义重大。

【病原体】

钩端螺旋体病是由密螺旋体科钩端螺旋体属的钩端螺旋体引起的一种自然疫源性传染病。菌体的一端或两端弯曲呈钩状，可沿中轴旋转运动，菌体有紧密规则的螺旋。由于钩端螺旋体的直径很小（长 4～20 μm、宽约 0.2 μm），菌体柔软易弯曲，可以其特有的运动方式穿过孔径为 0.1～0.45 μm 的滤膜。根据抗原结构成分，凝集溶解反应可将此菌分为黄疸出血、犬热、秋季热、澳洲、波摩那、流感伤寒、七日热等血清群。钩端螺旋体对热、酸、干燥和一般消毒剂敏感。

【流行病学】

此病一年四季都会发生，在气候温暖、雨量充沛的热带、亚热带地区的湖泊、沼泽、水田、池塘多发，在我国主要于 7—10 月发病，其中 8、9 月为高峰，潜伏期 1～2 周。此病主要经损伤的皮肤黏膜和消化道感染，在自然界形成 3 种不同结构的疫源地，即以野生啮齿类动物（鼠类）为主要储存宿主的疫源地，以家畜为主要储存宿主的家畜疫源地，以猪为主要宿主、以鼠为辅助宿主的混合疫源地。病畜是本病的传染源，常呈现隐性感染，可长期带毒。有调查认为，马属动物中钩端螺旋体病的主要传染来源可能是猪，从菌型来看主要是波摩那型。

【临床症状】

大多数呈无症状的慢性、隐性型感染，缺乏特征性的临床症状，可呈现短时间的发热、消瘦、轻度贫血等变化。急性病例较少，主要表现为体温升高至 39.5～40 ℃，精神沉郁，食欲减退、废绝，可视黏膜高度黄染，尿量减少，呈黄或红色、豆油样。

【病理诊断】

大多数病例皮下组织黄染，肠系膜和大网膜黄染和水肿。表现有肝脾肿大，淋巴结肿大尤其是肠系膜淋巴结肿大，肾脏表面有灰白色的小病灶，可见出血点，肺脏有出血斑，心脏呈淡红色，心肌切面横纹消失。

由于此病的血清型（群）十分复杂，单靠临床诊断和病理难以确诊，对于此病的诊断可参考《OIE 陆生动物诊断试验与疫苗手册》（2021 版）。

【预防控制】

养殖场应加强饲养管理，提高动物的特异性和非特异性抵抗力。对症抗菌治疗，钩端螺旋体对多种抗生素敏感，青霉素是首选药，还可使用庆大霉素、第三代头孢菌素和喹诺酮类药。

【检疫后处理】

严格制定卫生防范措施，定期做好环境卫生清理工作。重点做好综合防控工作，特别是要做好养殖场啮齿类动物的控制和消灭工作。

第五章 真菌和衣原体病

第一节 癣 病

癣病是由多种真菌感染引起的一种人畜共患接触性传染病，主要侵害动物的皮肤及其被毛等，是临床常见皮肤病。

【病原体】

癣病是由毛癣菌属（*Trichophyton*）和小孢子菌属（*Microsporum*）等属的真菌引起的一种浅部皮肤病。根据菌落形态学特点，主要有石膏样毛癣菌（*Trichophyton mentagrophytes*）、石膏样小孢子菌（*Microsporum gypsium*）、羊毛状小孢子菌（*Microsporum lanosum*）、猴类毛癣菌（*Trichophyton simii*），以上均具有繁殖性强、嗜角质蛋白、易感染的特性，主要发生在皮肤的表层、痂皮和鳞屑内、毛囊内、毛根周围及毛干内。其中，小孢子菌属孢子和菌丝主要分布在毛根和被毛的周围，其菌丝弯曲、上有侧枝，孢子紧密而规则地排列在毛干周围，像在毛外镶上一个管状外套。毛癣菌属菌丝和孢子主要存在于被侵害的毛内（为主）或毛外，其菌丝是直的，孢子呈圆形或卵圆形，沿着毛干长轴有规律地呈串珠状排列。小孢子菌属感染毛发在紫外线照射下多数可呈现绿色荧光，毛癣菌属感染毛发无荧光。病原对外界的抵抗力较强，皮肤鳞屑及毛内的孢子，在 100 ℃的干热条件下 1 h 才能被杀死。

【流行病学】

此病一年四季均可发生，以潮湿的夏秋两季较为多见，癣病潜伏期的长短依据真菌的种类、机体抵抗力的不同而异，一般为 8～30 d。病畜是本病的传染源，各种年龄、性别都可发生，但以幼驹易感。成熟的孢子可随落屑、脱落的被毛飘落到环境中污染用具、笼舍等，主要经皮肤接触传播。饲料中维生素缺乏、动物营养不良、皮肤有损伤、被毛不洁和环境潮湿等皆可促使此病的发生。

【临床症状】

癣斑：癣斑的发生部位以头、颈、肩、体侧、背和臀部为多见。

斑状脱毛：在皮肤上形成圆形的癣斑，其上覆有石棉样鳞屑，多见于被毛浓密的部位。

轮状脱毛：在皮肤上形成轮状癣斑，癣斑中央（患部的被毛折断以后）开始痊愈且生毛，但周边部分的脱毛现象仍继续进行，呈轮状。

水疱性和结痂性脱毛：在癣斑部位伴发小疱，形成丘疹，呈现无毛的秃斑，同时发生毛囊和周围组织的化脓性炎症。

【病理诊断】

病驴皮肤上呈现界限明显的圆形癣斑，严重的可以导致角质层的感染。

用手术刀片或镊子在健康皮肤与病变交界的部位，刮取一些毛根和鳞屑进行培养检测，根据主要的临床症状即可诊断。具体诊断可参考《实验动物　皮肤病原真菌检测方法》（GB/T 14926.4）。

【预防控制】

病驴可使用硫黄软膏、酮康唑、10％碘酊及中药黄柏、丁香、苦参和地肤子等治疗。在中兽医学方面，可用中药内服外敷法治疗癣病。癣病的中药内服治疗原则为清热宣肺、除湿败毒，将金银花、连翘、土茯苓、荆芥、黄柏、黄芪、栀仁、黄连、甘草用清水煎煮服用。外敷治疗中，选用花椒、苦参、雄黄、白矾和冰片进行煎煮，擦涂至患处，有温中止痛、杀虫止痒和抗菌消炎的作用。

【检疫后处理】

当发现此病时，应立即隔离治疗，以免畜禽与病驴接触继续传染。控制好饲养密度，做好环境清洁工作。

第二节　马流行性淋巴管炎

马流行性淋巴管炎（epizootic lymphangitis，EL），属于我国规定的三类动物疫病、二类进境动物检疫疫病。此病曾被称作假性皮疽等，一旦感染发病很难清除，至今无有效的治疗方法。

【病原体】

马流行性淋巴管炎是由假皮疽组织胞浆菌（Histoplasma farciminosum，旧称皮疽隐球菌或皮疽酵母菌）引起的一种慢性传染病。假皮疽组织胞浆菌又称为流行性淋巴管炎囊球菌，是荚膜组织胞浆菌（Histoplasmacapsulatum）的一个变种。

【流行病学】

此病多在潮湿地区及多雨年份发生，以秋末冬初多发，在世界各地广泛分布。蚊、蝇、虻等螫刺昆虫是此病病原的机械传递者，通过对皮肤的刺吮传播此病。规模化养驴场圈舍拥挤、潮湿和皮肤黏膜破溃易导致此病的发生。

【临床症状】

以形成淋巴管、淋巴结周围炎症和肉芽肿结节为特征。最常见在皮肤、皮下组织及黏膜上发生脓肿和溃疡，皮下淋巴管发生肿大，有串珠状结节。不良的饲养管理、继发细菌感染可加重病情。

【病理诊断】

呈典型的结节状和肉芽肿病变，病原侵入后经淋巴管扩散，淋巴管增粗、似绳索状，淋巴管内充满脓液、纤维和纤维蛋白凝块，形成化脓性结节，淋巴管内壁呈高度潮红和细颗粒状。

对于此病的诊断可参考《OIE 陆生动物诊断试验与疫苗手册》（2021 版）和《马流行性淋巴管炎检疫技术规范》（SN/T 1449）、《流行性淋巴管炎诊断技术》（NY/T 552）。

【预防控制】

此病是一种顽固性疾病，一般通过消灭传染源的方法预防控制。初期局部感染病例多数可治愈，全身性重症病例较难治愈。新肿凡纳明是治疗该病的首选药物，但是因药物中含有三价砷，容易造成有毒重金属超标和残留。中兽医学认为，马流行性淋巴管炎属痈疮范畴，其病机为热毒内蕴、经脉瘀阻所致淋巴结发炎，可使用具有清热解毒、消肿散结的中药制成制剂来治疗。

【检疫后处理】

采取扑灭措施，依法依规处置。对病驴及时隔离治疗，对被污染的厩舍、饲料、用具等进行消毒。

第三节　镰刀菌病

镰刀菌病（fusariomycosis）是由吃了含有致病镰刀菌的发霉玉米等饲料而引起的，因此，此病又叫霉玉米中毒。在霉玉米中能分离出许多霉菌，其中以镰刀菌属的分离率最高。

【病原体】

镰刀菌病是由镰刀菌属（*Fusarium*）产生的致病镰刀菌引起的一种中毒病。根据《菌物词典》（2001 年第 9 版），镰刀菌属于无性真菌类，有性时期为子囊菌门。镰刀菌的菌丝为白色绒毛状，孢子大小不一，小孢子数量不多，呈纺锤形，没有隔或仅有1个隔；大孢子呈纺锤形或镰刀形，中度弯曲，多为1～3个隔，又以3个隔占多数。镰刀菌毒素具有耐热性，在120℃条件下30 min或充分煮烂、炒熟或经消毒处理都不能使之无毒。常见的产毒镰刀菌有9种：禾谷镰刀菌（*Fusarium graminearum*）、串珠镰刀菌（*Fusarium moniliforme*）、三线镰刀菌（*Fusarium tricinctum*）、雪腐镰刀菌（*Fusarium nivale*）、梨孢镰刀菌（*Fusarium poae*）、拟枝孢镰刀菌（*Fusarium sporotricoides*）、木贼镰刀菌（*Fusarium equiseti*）、茄病镰刀菌（*Fusarium solani*）、尖孢镰刀菌（*Fusarium oxysporum*）。镰刀菌毒素按其化学结构和毒性可以分为4类：单端孢霉烯族化合物、玉米赤霉烯酮、丁烯酸内酯、串珠镰刀菌素。

【流行病学】

此病多发生在雨水多的季节，在以玉米、谷类及牧草为精料的地区多发，因9—10月容易发生霉变而发生率较高。此病无传染性，可通过皮肤黏膜、呼吸道等部位引起感染。

【临床症状】

以明显的中枢神经症状为主要特征。病初食欲减小，精神不振，呆立不动，走路摇摆，有共济失调现象。随着病程的发展，出现舌露口外，流涎，垂头呆立呈昏睡状态，精神高度沉郁，有时狂躁不安。此病病程短促，常经1～2 d死亡。妊娠后期母驴往往发生流产或早产，早产幼驹可视黏膜蓝紫色，齿龈、舌下有出血点，耳尖及四肢末端发凉，不能站起。

【病理诊断】

主要病变是脑白质出血、水肿、液化性坏死，硬脑膜下腔有淡黄褐色或红色液体。胃肠道有卡他性炎症，胃底部出血严重，小肠黏膜有出血斑点，大肠黏膜出现严重弥漫性出血、水肿。肝脏肿大，边缘变钝，有坏死灶；肾脏、脾脏肿大出血；心脏表面有出血点，心肌呈灰棕色。

诊断时可根据是否有饲喂霉玉米的历史帮助判断，形态学鉴定可参考《食品微生物学检验常见产毒霉菌的形态学鉴定》（GB 4789.16）。

【预防控制】

饲料库应保持通风、干燥，应经常翻动和检查饲料，避免受潮、发霉。对于病驴可用芒硝或人工盐缓泻，对症治疗。

【检疫后处理】

发病后应立即停喂霉变草料，更换新饲料。做好饲料营养的合理搭配，保证家畜的营养状况，提高其免疫力。

第四节　马传染性胸膜肺炎

马传染性胸膜肺炎（contagious equine pleuropneumonia）又称马胸疫，是马属动物的一种急性传染病。

【病原体】

此病的病原迄今未能阐明，可能由丝状支原体（*Mycoplasma mycoides*）、肺炎支原体（*Mycoplasma pneumoniae*）和牛支原体（*Mycoplasma bovis*）等亚种引起动物发病。病原主要存在于患畜的肺组织、支气管分泌物及胸腔渗出物中。在卫生状况不良、通风不好、消毒不充分时，病原存活时间较长。

【流行病学】

此病无明显季节性，散布于世界各地，主要流行于欧美各国，潜伏期10～60 d。病畜是主要传染源，个别病例病愈后6个月仍可排毒，由气溶胶吸入呼吸道而感染，污染的饲料及饮水也可能是一种传播途径，有时可见到跳跃式传播，也可能是由潜伏感染所致。各种年龄的马属动物均易感，但以4～10岁多发。潮湿、卫生条件差、长途运输等情况都能促使此病的发生。此病呈地方性流行，我国西北、西南、华北等地曾有发生，但近30年已很少报道。

【临床症状】

以纤维素性肺炎或胸膜肺炎为主要特征。临床症状可分为两种类型。

典型症状：体温突然升高至40 ℃以上，呈稽留热，持续6～9 d或更长，之后迅速或逐渐降至常温；病初流少量浆液性鼻液，至中后期流脓性红、黄色或铁锈色鼻液，患驴表现胸廓疼痛，呈短浅的胸、腹式呼吸，听诊有摩擦音，在有大量渗出液时，摩擦音消失。叩诊时，出现水平浊音区。典型马传染性胸膜肺炎的血液学检查初期表现为淋巴细胞数增多，嗜中性粒细胞减少；至中后期白细胞总数增多，其中嗜中性粒细胞显著增多，淋巴细胞减少；病情好转后，白细胞总数及血象恢复正常。

非典型症状：患驴体温突然升高并呈现全身症状，经过2～3 d后体温降至常温，其他全身症状也随之消失，恢复健康。

【病理诊断】

剖检肺脏可见较大面积不同时期的肝变区，呈大理石样变化。继发感染的病例，肺组织内有大小不等的坏死灶或化脓灶，或形成空洞。发生胸膜炎时，胸腔内积有大量淡黄色渗出液，并混有纤维素凝固块和附着于胸膜、膈及心包上的絮状黏连。心脏、肝脏及肾脏常可见变性，胃肠黏膜及浆膜出血，脾脏及淋巴结呈中度急性肿胀。肺坏疽时，病灶内充满污秽绿褐色具有恶臭味的粥样物。

诊断此病直接进行病原分离鉴定支原体比较困难，且费时费力，可根据流行病学、临床症状、病理剖检变化及 PCR 扩增支原体 16S rDNA 进行综合诊断。

【预防控制】

严格执行兽医卫生防疫措施，加强饲养管理，提高畜禽免疫力。早期应用新肿凡纳明静脉注射是治疗此病唯一的特效疗法，对于此病目前尚无有效的疫苗，只能采取综合性防治措施。

【检疫后处理】

当发生此病时，应立即隔离。由于此病传染性较强，要对畜舍进行全面消毒，保持圈舍、运动场地以及周围环境的清洁卫生。

第六章　寄生虫病

第一节　马梨形虫病

马梨形虫病（equine piroplasmosis），旧称焦虫病或血孢子虫病，属于 WOAH 发布的动物疫病通报名录，是我国规定的三类动物疫病、国家规定外来马属动物疫病实施主动监测疫病和无规定马属动物疫病区疫病。马梨形虫病是引起马属动物贫血症状的主要传染病之一。

【病原体】

马梨形虫病是由媒介蜱传播的巴贝斯科（Babesiidae）巴贝斯虫属（*Babesia*）的驽巴贝斯虫（*Babesia caballi*）和泰勒虫属（*Theileria*）的马泰勒虫（*Theileria equi*）寄生于哺乳动物巨噬细胞、淋巴细胞和红细胞内而引起的一种血液原虫病。虫体主要由原生质和染色质组成，虫体的顶复合器部分退化，需要蜱和脊椎动物两个宿主才能在动物的血液细胞内寄生。侵入红细胞内的马梨形虫，以简单分裂及出芽增殖的方式进行繁殖，由一个虫体产生 2 个新虫体，被寄生的红细胞由于虫体机械作用及毒素的作用而破裂，虫体又侵入另一个红细胞而重复其分裂或出芽增殖的过程。

驽巴贝斯虫：虫体呈圆形、椭圆形或梨形等形状，裂殖子长 2～5 μm，虫体长度大于红细胞半径，其典型特征是在一个红细胞内有 2 个虫体，彼此以细端相连（成对裂殖子末端部分相连）。

马泰勒虫：虫体呈环形、卵圆形、梨形、点状、棒状、叶状、十字架形等多种形状，其典型特征是呈"马耳他十字形"（4 个裂殖子形成四联体），大小变异很大，裂殖子长 2～3 μm，都不大于红细胞半径。

【流行病学】

此病主要在春季流行，无周期性，以热带、亚热带地区常见，呈全球性分布。此病的发生和流行取决于 3 个主要环节，即易感动物、带虫的动物和传播此病的蜱，三者缺一不可，带虫的蜱既是传递者又是传染来源。研究发现，马梨形虫以经卵传递方式在蜱体内经过 3 个世代仍具有感染能力。

目前，已发现驽巴贝斯虫的媒介蜱有 3 属 14 种，我国已查明草原革蜱、森林革蜱、银盾革蜱和中华革蜱是驽巴贝斯虫的传播者。其中，草原革蜱是内蒙古草原的代表种，森林革蜱是森林型的种类，这两种革蜱是我国东北三省及内蒙古地区马梨形虫病的主要传播者。银盾革蜱在新疆数量较多，是新疆马梨形虫病的主要传播者。

文献记载马泰勒虫的媒介蜱有 3 属 17 种，我国已查明草原革蜱、森林革蜱、银盾革蜱和镰形扇头蜱是马泰勒虫的传播者。它们都以经卵传递方式通过第二代成蜱来传播马梨形虫病。有学者通过对全国 20 个省份和地区的 2 444 份马属动物血清样品进行横断面统计分析，证实了马梨形虫病在国内呈区域性流行，以西北地区和东北地区较为严重。2024 年 2 月 8 日，爱尔兰农业、食品和海洋部向 WOAH 报告称发生一起马梨形虫病疫情。

【临床症状】

以高热、贫血、出血、黄疸、血红蛋白尿、消瘦和呼吸困难等急性症状为主要表现。

驽巴贝斯虫病：临床症状持续 7～12 d，急性病例 1～2 d 内就可死亡。患病初期，动物表现体温升高、精神不振、食欲减退、结膜充血或黄疸；中期体温达 39.5～41.5 ℃，呈稽留热，精神高度沉郁，结膜及其他可视黏膜明显黄染，有时出现大小不等的出血点，尿色深黄、黏稠如豆油状；末期显著消瘦、黏膜苍白黄染，神志不清，心力衰竭，最后呼吸困难而死亡。此病幼驹症状较重，红细胞染虫率高；妊娠母驴发生流产或早产，有时伴有子宫出血而快速死亡。

马巴贝斯虫病：马巴贝斯虫病急性型的症状与驽巴贝斯虫病基本相似，但热型不定；亚急性型症状缓和，病程较长。

【病理诊断】

主要病变组织呈现黄疸。马梨形虫虫体的代谢产物可破坏红细胞，释放出血红蛋白，在肝脏内转化成大量胆红素进入血液，引起黏膜及皮下组织黄染。肝肿胀质脆，呈棕黄色，肝小叶边缘呈绿色。心脏有营养障碍，心肌缺血，血管通透性增加，导致淤血和水肿现象。脾脏肿胀，浆膜腔中有大量透明黄色液体。肾脏由于血液循环障碍、缺氧而苍白肿胀，因中毒引起肾小管上皮原发性退变。

诊断此病要了解流行病学情况，血液检查发现虫体是确诊的主要依据。注意虫体检查一般在病驴发热时进行，但有时体温不高也可检出虫体。目前，间接免疫荧光试验

（IFA）是国际贸易指定试验，竞争 ELISA 是用于进口检疫的主要方法。有研究报道成功建立了可同时检测马梨形虫两种病原的双重荧光定量 PCR 方法，但是不同国家和地区的不同基因型马梨形虫存在着基因检测区域有部分突变的情况。

【预防控制】

定期使用杀蜱剂，根据病情对症治疗。采取强心补液、健胃缓泻、防治继发感染等措施，治疗药物主要有三氮脒、咪唑苯脲、四环素类抗生素（盐酸多西环素）、偶氮染料（锥虫兰）和喹啉衍生物（异喹啉）等。

【检疫后处理】

采取防蜱、灭蜱、治疗病驴等综合措施，扑杀严重病例。

第二节　伊氏锥虫病

伊氏锥虫病（trypanosomosis evansi）又称"苏拉病"（surra），属于 WOAH 发布的动物疫病通报名录，是国家规定实施主动监测疫病和无规定马属动物疫病区疫病，防控此病意义重大。

【病原体】

伊氏锥虫病是由伊氏锥虫（*Trypanosoma evansi*）引起的一种血液原虫病。伊氏锥虫虫体细长，呈卷曲的柳叶状，长度一般为 15～34 μm，宽 1.5～2.5 μm，前端尖、后端钝，中央有一较大的椭圆形核，后端有一点状的动基体，鞭毛与虫体之间有薄膜相连，虫体运动时鞭毛旋转。伊氏锥虫主要寄生在血液（包括淋巴液）中，随着血液等进入各组织脏器，可突破血脑屏障侵入脑脊髓液中，锥虫在宿主体内进行分裂繁殖，一般沿体轴做纵分裂，由 1 个分裂为 2 个。致病作用主要由锥虫毒素所引起，锥虫侵入机体迅速繁殖，产生大量有毒的新陈代谢产物，机体的固有杀灭作用和锥虫本身的衰老死亡使毒素游离于血液及组织液中引起机能障碍。伊氏锥虫对外界抵抗力较弱，在干燥、日光直射时很快死亡，一般在 50 ℃条件下加热 5 min、常见消毒液均能使虫体死亡。

【流行病学】

此病多发于热带和亚热带地区，发病季节与媒介昆虫的出现有密切关系，潜伏期 4～7 d。此病传染源是带虫动物，包括隐性感染和临床治愈的病畜（带虫时间可长达 2～3 年），可经吸血昆虫（虻、螫蝇）的机械传播而传给易感动物，研究表明伊氏锥虫能经胎盘感染胎儿。驴对伊氏锥虫具有一定的抵抗力且患病时多为慢性感染，即使体内带虫也不表现出临床症状且通常可自愈。

【临床症状】

以间歇性高热、贫血、黄疸、水肿和神经症状（主要是后躯麻痹）为特征。在临床上首先出现高热，病畜体温突然升高到 40 ℃以上，稽留数天后经短时间的间歇再度发热，体温变化是发病过程中的重要标志。在发热期间，病畜呼吸急促，脉搏增数，尿量减少，尿色深黄而黏稠。由于网状内皮系统和骨髓等造血器官受锥虫毒素的侵害，动物出现出血、贫血症状。体表水肿为此病常见症状，最早出现于发病后 6～7 d，起初发生于腹下，然后波及胸下以至唇部、下颌及四肢。随着病情发展，病畜高度沉郁，呈嗜睡状态，贫血，消瘦，死前常表现后躯麻痹，呼吸极度困难，死亡率很高，自然康复者极少。

【病理诊断】

淋巴结、脾脏、肝脏、肾脏、心脏等均肿大有出血点，结膜和第三眼睑常有出血斑，血液检查发现红细胞急剧减少、血红蛋白减少、血沉变快。当第一次体温升高后，末梢血液即可检出虫体，体温下降后虫体减少甚至消失，体温在增高时又能检出虫体。

对此病的具体诊断方法可参考《伊氏锥虫病诊断技术》（GB/T 23239）。

【预防控制】

及早发现病畜和带虫动物，对症治疗可选用萘磺苯酰脲、喹嘧胺、三氮脒、氯化氮胺菲啶盐酸盐等药物，除此外还应根据病情采取强心、补液、健胃等综合措施。

【检疫后处理】

控制传染源，定期喷洒药物扑灭虻、蝇等吸血昆虫，加强饲养管理，增强机体抵抗力。

第三节　马媾疫

马媾疫（dourine），属于 WOAH 发布的动物疫病通报名录，是我国规定的三类动物疫病、进境动物检疫疫病、国家规定实施主动监测疫病以及无规定马属动物疫病区疫病，防控此病意义重大。

【病原体】

马媾疫是由马媾疫锥虫（*Trypanosoma eguiperdum*）引起的一种接触传染性疫病。马媾疫锥虫在形态学上同伊氏锥虫，以无性分裂法进行繁殖，与其他锥虫的区别在于此虫主要寄生于马属动物的生殖器官组织中，很少侵入血液。

【流行病学】

此病多发于配种季节之后，一般呈慢性、隐性感染，潜伏期为 6 个月。马媾疫锥虫仅马属动物具有易感性，带虫马属动物是马媾疫的主要传染源，可通过交配感染，幼驹可经乳汁感染，也可通过未经严格消毒的人工授精器械、用具等传染。

【临床症状】

以皮肤性水肿、丘疹为主要特征。常见症状有发热、皮肤丘疹、共济失调、贫血消瘦等。公驴生殖器相继出现结节、水疱、溃疡及缺乏色素的白斑，性欲亢进，精液品质降低；母驴生殖器肿胀，发生结节和溃疡，可蔓延到乳房、下腹部和股内侧，母驴屡配不孕或妊娠流产。

【病理诊断】

马媾疫锥虫侵入公驴尿道或母驴阴道黏膜后，在黏膜上进行繁殖，引发原发性的局部炎症、水肿、皮肤轮状丘疹等。

可采用补体结合试验、间接荧光抗体试验和 ELISA 等方法诊断，对此病的具体诊断方法可参考《马媾疫检疫技术规范》（SN/T 1694）。

【预防控制】

在疫区配种季节前，重点对公驴和繁殖母驴进行检疫，查出的病驴及可疑病驴要及时隔离治疗。马媾疫的治疗原则与方法，与伊氏锥虫病基本相同。患马媾疫母驴经治疗后，可采用人工授精的方法配种，对查出的不作种用的健康公驴一律阉割或淘汰。

【检疫后处理】

加强管理，防止任意交配，大力开展人工授精工作，以减少感染机会。

第四节　蠕 虫 病

蠕虫病（helminthiasis）是一类多细胞无脊椎动物寄生于体内引起的寄生虫病，常见的蠕虫病主要包括蛔虫病、蛲虫病、圆虫病、杆虫病、肺虫病、胃虫病、腹腔丝虫病、副丝虫病、盘尾丝虫病、混睛虫病、脑脊髓丝虫病和绦虫病等。蠕虫（helminth）曾被认为是独立的一个分类，但在动物分类学研究不断发展之后，发现蠕虫包括扁形动物门、线形动物门和棘头动物门等所属的各种动物。因此在分类学上，蠕虫这个名称已无意义，但习惯上仍沿用此词。

【病原体】

蠕虫包括了许多庞杂的类群。根据有无体腔的形成，分为无体腔、假体腔和真体腔三大类。无体腔蠕虫动物包括扁形动物门和纽形动物门两大门类，假体腔蠕虫动物包括线虫动物门、线形动物门、轮虫动物门、腹毛动物门、动吻动物门和棘头动物门，而真体腔蠕虫动物则包括蜣门、星虫门、鳃曳动物门和环节动物门。临床上感染引起的比较普遍的蠕虫病主要有蛔虫病、蛲虫病、圆线虫病、绦虫病、腹腔丝虫病、钩虫病、球虫病、鞭虫病、混睛虫病等。

【流行病学】

在环境卫生条件较差、饲养管理粗放的情况下容易感染，一般冬季天冷时症状加剧。病畜是主要传染源，消化道是主要的传播途径，此病各种年龄的驴都可以感染，但多发于1岁以下的幼驹和老龄驴。

【临床症状】

典型临床症状主要表现为营养不良和胃肠炎症，引起肠管堵塞、肝脓肿、水样性腹泻、肺炎、神经症状、脱毛、消瘦、贫血、角膜炎、虹膜炎和白内障等相关症状。

【病理诊断】

以肠道寄生虫为例，幼虫能引起肠炎、肝细胞变性，成虫因夺取机体大量营养并刺激肠黏膜，能引起卡他性肠炎，严重时肠壁溃疡继发腹膜炎，代谢毒素产物被吸收后对造血器官和神经系统均造成损害。

根据临床症状和流行病学作出初步诊断，实验室粪便虫卵等检查是确诊的关键。

【预防控制】

保持圈舍的卫生，粪便及时清除，定期驱虫。一般驴驹首次进行驱虫的最佳时机为其出生后40～60日龄，驱虫工作以夜间实施为宜。阿维菌素、伊维菌素可用于体外寄生虫如疥螨、蜱虫感染，左旋咪唑可用于蛔虫、钩虫、丝虫感染，阿苯达唑可用于蛔虫、蛲虫、绦虫、鞭虫、钩虫、粪类圆线虫等感染。

【检疫后处理】

做好寄生虫的流行病学调查，摸清蠕虫的种类、分布及感染强度和危害程度。针对当地发病率高的蠕虫，根据其生活史、生态学及流行病学等，制定蠕虫病的防治规划和措施。

第五节 马胃蝇蛆病

蝇蛆病是昆虫纲（Insecta）双翅目（Diptera）寄生蝇类的幼虫侵袭家畜所引起的疾病的总称。其中在牧区发生普遍、危害较大的主要是马胃蝇蛆病。

【病原体】

马胃蝇蛆病是由胃蝇科（Gastrophilidae）胃蝇属（*Gastrophilus*）中的多种胃蝇幼虫所引起，在我国常见的有肠胃蝇、红尾胃蝇（痔胃蝇）、鼻胃蝇（也称喉胃蝇或烦忧胃蝇）和兽胃蝇（亦称东方胃蝇或黑腹胃蝇）4个种。胃蝇属发育史，经卵、幼虫、蛹和成虫4个阶段，每年完成一个生活周期。胃蝇属的幼虫一般体长12～18 mm，圆筒形、前端稍尖，有2对口钩，体躯各节环生1～2列短刺，经常寄生于消化道内，故称胃蝇。有时幼虫会侵入皮下造成曲折的隧道,在外表可以见到隆起的条纹。成虫形似蜜蜂,全身密布有色绒毛,俗称"蜇驴蜂"。

肠胃蝇的成虫在自然界交配后,雄虫会死亡,雌虫则寻觅畜体在被毛上产卵,每根毛上附着一枚卵,卵呈黄白色或黑褐色,形状、大小近似虱卵,雌蝇一生可产卵 700 枚左右。卵经 5～10 d 或更久,孵化成第一期幼虫,并逸出卵壳在皮肤上爬行,引起痒感,因动物啃咬被食入。一期幼虫在口腔黏膜下或舌表层组织内寄生 3～4 周,蜕变为第二期幼虫,移入胃内,在胃和十二指肠黏膜上寄生;约 5 周后再次蜕变为第三期幼虫,继续在胃内寄生。到翌年春季发育成熟,自动脱离胃壁随粪便排出体外,而后在土中化蛹,蛹期 1～2 个月,羽化成蝇。

【流行病学】

马胃蝇成蝇活动的季节多在 5—9 月,以 8、9 月活动最盛,主要流行于我国西北、东北等地区,夏、秋季在动物的肩胛、腹侧、四肢下部的被毛上产卵,孵化幼虫后刺激皮肤引起发痒,动物啃痒从而导致感染。

【临床症状】

以消化不良、食欲减退、周期性疝痛、多汗、贫血、消瘦、严重的可因渐进性衰弱而死亡为特征。马胃蝇在成虫产卵时,骚扰畜群令其不能安心采食和休息,寄生初期在口腔、舌部、咽喉部,引起局部水肿、炎症或溃疡,幼虫移行到胃、十二指肠,以其口前钩深刺入黏膜,形成火山口状损伤,引起慢性胃肠炎或出血性胃肠炎。虫体还有毒素作用,幼虫排出体外时可引起直肠黏膜充血、发炎,幼虫对肛门的刺激,可引起尾部摩擦,造成尾根和肛门部擦伤、炎症。

【病理诊断】

马胃蝇幼虫移行到胃及十二指肠后,造成胃肠黏膜损伤,引起胃肠壁水肿、发炎和溃疡,导致胃的运动和分泌机能障碍。

根据患驴消化机能紊乱、有疝痛等临床表现和流行病学情况进行综合判断。诊断需在口腔或皮肤上找到一期幼虫,或在粪便中找到三期幼虫,尸体剖检在胃或肠道中可找到幼虫。一般情况下都是用药物进行驱治诊断。

【预防控制】

主要防治措施是有计划地驱杀胃肠内寄生的幼虫,一般选择卵或幼虫全部在胃中的初冬时节。可选用敌百虫、二硫化碳、伊维菌素等药物。注意在投药前应禁食 18～24 h,其间仅提供饮水。

【检疫后处理】

发生该病时,应将查出的病驴及可疑病驴及时隔离治疗。在患病动物排出成熟幼虫的季节，以粪便堆积发酵、喷洒农药等方法消灭幼虫。

第六节　螨　　病

螨病是由蛛形纲（Arachnida）蜱螨目（Acarina）和真螨目（Acariforms）的多种螨类，寄生于畜禽体表或表皮内所引起的一种慢性皮肤病。

【病原体】

引起螨病的主要是疥螨科（Sarcoptidae）和痒螨科（Psoroptidae）2 个科，前者主要有：猪疥螨（*Sarcoptes scabiei* var. *suis*）、马疥螨（*Sarcoptes scabiei* var. *equi*）以及鸡膝螨（*Cnemidocoptes gallinae*）等；后者主要有绵羊痒螨（*Psoroptes ovis*）、牛痒螨（*P. bovis*）和兔痒螨（*P. cuniculi*）等。另外，还有能寄生于人和哺乳动物毛囊和皮脂腺内的真螨目蠕形螨科（Demodicidae）的蠕形螨（俗称毛囊虫）等。螨虫按其外部附器的功能与位置，虫体一般分为假头和躯体不分节的两部分，虫体呈圆形或卵形，外皮由坚固的角质构成。成虫腹面有 4 对肢，幼虫有 3 对肢。螨在宿主表皮穿凿隧道，在内繁殖发育，其发育过程包括卵、幼虫、稚虫和成虫 4 个阶段，雌虫在隧道内产卵→孵出的幼虫爬出隧道在皮肤上开凿小穴→在其中蜕化为稚虫→钻出皮肤形成穴道→在其中蜕化后变为成虫，整个发育过程平均为 15 d。

【流行病学】

此病往往在冬春流行，在夏秋有所收敛或使宿主呈带虫状态，整体环境潮湿、泥泞时，发病率较高。在春末夏初，因更换被毛，体表易受烈日照射，螨类不易生存，多潜伏于皮肤的皱襞中或耳壳、会阴、尾根下以及蹄间隙等避光部位。此病主要通过接触传播，地面垫料、土壤、围栏、料槽和水槽等均可间接传播，在缺乏青绿饲料或应激反应等引起机体抵抗力降低的情况下，会促进此病的发生。

【临床症状】

以脱毛、皮肤皲裂和肢体发痒为主要特征。病变通常从被毛稀疏之处开始，逐渐向其他部位蔓延，因患部发痒而擦破后流出血液和淋巴液，表面角质层脱落，逐渐形成痂皮。严重时患驴烦躁不安、生长迟缓、生产性能下降。

【病理诊断】

根据临床症状，可作出初步诊断。螨病的确诊可从患部边缘刮取皮屑检查虫卵和虫体作诊断。

【预防控制】

可通过定期药浴，保持圈舍清洁卫生，通风透光和进行用具消毒等来预防。防治药物有辛硫磷、敌百虫、伊维菌素等。

【检疫后处理】

将查出的病驴及可疑病驴及时隔离治疗，对圈舍进行彻底的打扫消毒，调整圈舍的温度、光照、通风等条件，阻止螨虫继续在圈舍内部蔓延。

第七节　硬　　蜱

硬蜱又称壁虱、扁虱、草爬子、狗豆子等，是一种体表吸血性的外寄生虫。

【病原体】

蜱属蛛形纲（Arthropoda）蜱螨目（Ixodida），分为 3 个科：硬蜱科（Ixodidae）、软蜱科（Argasidae）、纳蜱科（Nuttallidae），其中最常见且对家畜危害最大的是硬蜱科。蜱的成虫在躯体背面有壳质化较强的盾板，通称为硬蜱，常呈红褐色或灰褐色，长卵圆形，背腹扁平。我国记录的蜱有 9 属 104 种，常见的蜱种有微小牛蜱（*Boophilus microplus*）、全沟硬蜱（*Ixodes persulcatus*）、血红扇头蜱（*Rhipicephalus sanguineus*）、草原革蜱（*Dermacentor nuttalli*）、残缘璃眼蜱（*Hyalomma detritum*）、龟形花蜱（*Ixodidae*）等。

硬蜱属不完全变态的节肢动物，其发育过程包括卵、幼虫、若虫和成虫 4 个阶段。多数硬蜱在动物体上进行交配，交配后吸饱血的雌蜱离开宿主落地，爬到缝隙内或土块下静伏不动，一般经过 4~8 d 待血液消化和卵发育后开始产卵。硬蜱一生只产卵一次，可产卵千余个甚至万余个，虫卵呈卵圆形、黄褐色，通常经 2~3 周或 1 个月后孵出幼虫。幼虫爬到宿主体上吸血，经过 2~7 d 吸饱血后，落到地面，经过蜕化变为若虫。饥饿的若虫再次侵袭动物，寄生吸血后，再落到地面，蛰伏数天至数十天，蜕化变为性成熟的雌性或雄性成蜱。吸饱血后虫体可胀大，雌蜱最为显著，可达之前的 100~200 倍，雌蜱产卵后 1~2 周内死亡，雄蜱一般活 1 个月左右。

【流行病学】

蜱有明显的季节性，不同蜱种的分布又与气候、土壤、植被和宿主有关，大多在白天侵袭宿主。硬蜱是一些人畜共患病的传染媒介和储存宿主，随种类不同其生活场所亦有差异，如微小牛蜱主要生活于农区，在华北地区的活动季节为 4—11 月；血红扇头蜱主要生活于农区和荒野地，活动季节为 4—9 月；草原革蜱主要生活于草原，越冬的成虫在早春 2—3 月初开始出现，4 月为旺期，5 月逐渐减少。硬蜱是各种巴贝斯虫病、泰勒虫病以及布鲁氏菌病等疫病的传播者，有研究表明硬蜱可传播 14 种细菌病和 83 种病毒病。

【临床症状】

蜱的叮咬会引起驴体局部发炎、水肿、出血和角质增厚，有的因蜱唾液内的毒素引起麻痹甚至死亡。

【病理诊断】

仔细观察驴体表可发现芝麻至米粒大小的虫体，用镊子将虫体取下，可直接对虫体进行鉴定，根据蜱虫的形态特征诊断。

【预防控制】

通过人工捉蜱、药物灭蜱及皮下注射伊维菌素等方式进行蜱虫的清除。注意人工捉蜱时，应使蜱体与皮肤垂直，再向外拔出，以免蜱虫口器断落在体内，引起局部炎症。

【检疫后处理】

对捉到的蜱立即杀灭。清理圈舍卫生，对畜禽圈舍围栏、饲槽、墙壁等缝隙部位，用 1%～2% 敌百虫溶液喷洒灭蜱。

第七章　普　通　病

第一节　心力衰竭

心力衰竭又称心脏衰弱，是指由于心肌收缩力减弱，心排血量减少，动脉压降低，导致静脉回流受阻而呈现全身血液循环障碍的一种综合征或并发症。临床可分为急性心力衰竭和慢性心力衰竭。

【病因】

急性心力衰竭，是由于心肌收缩力急剧减弱，导致心输出量（每分钟左或右心室泵出的血液量）和每分钟输出量不能满足机体组织器官（尤其脑和心）的需要，而引起的全身血液循环功能障碍。常见的原因主要是剧烈运动、运动过度等强烈应激，致使心肌能量过多消耗；心肌突然遭受剧烈刺激，如雷击、触电；刺激性药物如钙制剂、砷制剂等注射速度过快或用量过大；许多疾病引发的心肌炎、心肌变性和心肌梗死等心肌本身的损害。

慢性心力衰竭，是由于长期心肌收缩力减弱导致血液回流障碍，主动脉压持续升高，继发慢性心力衰竭。慢性心力衰竭按病因有原发性和继发性之分，原发性多起因于长期过度劳役、或持久重役，继发性多伴发于许多疾病，如慢性肺气肿、慢性肾炎、心包积液、慢性心肌炎以及心脏瓣膜病等。

【症状】

急性心力衰竭主要呈现全身血液循环障碍和缺氧的症状，病驴食欲废绝、精神沉郁，黏膜高度淤血，静脉高度怒张，结膜呈蓝紫色，呼吸高度困难，很快发生肺水肿。胸部听诊有广泛的湿啰音，第一心音极度增强呈金属音调，叩诊呈鼓音，第二心音极弱，心律失常，脉搏细数。多在短时间内倒地痉挛死亡。

慢性心力衰竭病情发展缓慢持久，呼吸困难尤以运动后为重，可视黏膜不同程度淤血，常发生心性水肿，心脏听诊心音尤其是第二心音减弱，脉细弱增数，多在 60 次/min 以上。心衰时主要出现肺循环淤滞的各种症状，包括混合性呼吸困难，听诊有湿啰音，体循环静脉系统淤滞，颈静脉膨隆，搏动明显。重症后期，常伴有腹腔积水、胸腔积水或心包积水。

【诊断】

全身静脉淤血和心性水肿症状。急性心力衰竭很快发生肺水肿、意识障碍、昏迷，病程短，很快死亡，中等程度的急性心力衰竭，可能转成慢性心力衰竭。慢性心力衰竭，可进行心脏功能试验诊断：正常情况下速步运动 15 min，脉搏为 55~65 次/min，3~7 min 完全恢复正常，如心功能减弱，脉搏可达 70~95 次/min，经 10~30 min 方可恢复至运动前的脉数。

【预防控制】

原则：控制心率，矫正心律，减轻心脏负担，增强心肌的收缩力和排血量。

对症治疗主要是使用健胃清肠、保肝利胆、利尿的药物。洋地黄类、毒毛旋花子苷等药物适用于急性心力衰竭，注意使用毛花苷 C、地高辛等药物时，治疗量和中毒量很接近，为防止中毒，建议前 3 d 用全量，然后减用到 1/3~1/2 量至脉搏变强、尿量逐渐增加，用药 7 d 后休药。用药期间应密切注意有无新发的心律失常或消化道症状等副作用。洋地黄类药物对胃肠黏膜有刺激作用，有慢性消化不良的禁止口服。对于继发性心力衰竭，应及时根治原发病。预防此病主要防止过度使役，加强饲养管护，给予柔软、容易消化且富有营养的饲草料，对出现心性水肿的病驴，减少食盐量和饮水量。

第二节　支气管炎

支气管炎是气管、支气管及其周围组织的非特异性黏膜表层炎症。

【病因】

原发性支气管炎多发生在早春晚秋气温多变时节，主要是由于受到寒冷刺激破坏了呼吸道屏障作用，存在于呼吸道上的病原菌趁机繁殖而发病。另外，因为尘埃、霉菌孢子以及异物损伤等因素的刺激可使支气管黏膜发生炎症，马鼻疽、马腺疫和维生素 A 缺乏症等疾病亦可引起继发性支气管炎。临床上按病程可分为急性支气管炎和慢性支气管炎。

【症状】

急性支气管炎，以阵发性咳嗽为主要症状，初期出现干咳、短咳、痛咳，以后变为湿咳或长咳，呼吸高度困难，呼气用力，结膜呈蓝紫色，有明显的全身症状。

慢性支气管炎，以干咳为主要症状，在运动、采食或气温剧变和早晨气温较低时咳嗽加重，病程长。

【诊断】

根据病驴频发咳嗽，流黏液脓性鼻液，胸部听诊肺泡呼吸音增强，有啰音及小水泡音等综合作出诊断。

【预防控制】

原则：加强护理和保温，消除炎症，祛痰止咳。

注意平时加强饲养和环境卫生管理，减少粉尘，避免寒冷、机械性损伤和化学物质等刺激性因素，防止呼吸道内细菌繁殖和继发感染。当患驴体温升高并有全身症状时，可使用抗生素和磺胺类抗菌剂，如β-内酰胺类（如青霉素），氨基糖苷类（如链霉素）等治疗。

第三节 肺 炎

肺炎是指由病原微生物、免疫损伤、过敏等因素，引起终末气道、肺泡腔、肺间质的炎症，是呼吸系统的常见病。

【病因】

此病主要是由病毒、细菌侵害呼吸系统所致，过敏反应、寄生虫幼虫移行可直接引起肺炎，受寒、感冒、劳役过度、饲养管理不当等均可诱发此病。

根据肺炎病因及发展不同阶段，可分为支气管肺炎（又称小叶性肺炎）和肺泡性肺炎（又称大叶性肺炎、纤维素性肺炎）。支气管肺炎是由支气管炎进一步发展而成的，凡能引起支气管炎的致病因素均可促使此病的发生。在多数病例中，炎症首先始于支气管，继而蔓延到细支气管及其所属的肺小叶，另外此病还继发于某些传染病和寄生虫病。肺泡性肺炎是一种变态反应性疾病，一般是由于受寒、感冒、过劳、机械损伤和吸入刺激性气体等引起的，巴氏杆菌、链球菌、葡萄球菌及肺炎球菌等在此病的发生上起着重要作用。

【症状】

支气管肺炎：初期呈急性支气管炎症状，呈现短咳、钝咳、痛咳，流浆液性或黏液性鼻液，初期及末期鼻液量较多，随着炎症的蔓延发展而呈增进性混合性呼吸困难，呼吸可达 100 次/min。体温常为弛张热型，病初 2～3 d 体温逐渐上升，可达 40 ℃以上，以后 2～4 d 内逐渐下降但再度上升，脉搏随体温变化，可增至 60～100 次/min。

肺泡性肺炎：有 4 个明显的症状时期：Ⅰ期充血水肿期，致病菌引起肺泡壁毛细血管扩张充血，导致肺叶颜色暗红；Ⅱ期红色肝样变期，因肺泡壁毛细血管持续扩张充血，肺泡腔内大量纤维素渗出及红细胞漏出，夹杂少量中性粒细胞和巨噬细胞，导致病变肺叶质实如肝；Ⅲ期灰色肝样变期，随着纤维素的继续渗出，肺泡腔内的纤维素网更加致密，大量中性粒细胞渗出到肺泡腔，因肺泡壁毛细血管受压闭塞，肺泡腔内不再有红细胞漏出，病变肺叶由红色逐渐变为灰白色，肿胀明显，质实如肝；Ⅳ期溶解消散期，机体的特异性免疫增强，肺泡腔内中性粒细胞变性坏死，释放出大量蛋白溶解酶，溶解渗出的纤维素，溶解物由呼吸道咳出或经过淋巴管血管吸收，肺泡内气体进入，实变消失，肺质地变软。上述病理变化是一个连续的过程，病变各期无绝对的界限，即使在同一肺叶不同部位的病变也可呈现为不同阶段。

【诊断】

突然发热，精神沉郁，食欲减少，四肢无力，黏膜潮红，黄染，呼吸困难，严重时呈气喘状。血液学检查可见白细胞增加，核左移。X线检查，肺纹理增强，病变部出现小片状或大片状阴影。

支气管肺炎：体温呈现弛张热型，叩诊肺部有灶状浊音区，当炎灶位于肺脏表面时，胸部可叩出一个或数个岛屿状浊音区，而且多在胸壁的前下方三角区域内出现，听诊可闻湿啰音、捻发音及粗的支气管呼吸音。

肺泡性肺炎：高热稽留，体温可达 40 ℃并稽留 6～9 d，病程发展呈现有规律的阶段性。

【预防控制】

原则：祛除病因、抑菌消炎、镇咳祛痰、维护心脏机能。

治疗时可选用 β-内酰胺类、氨基糖苷类、大环内酯类等广谱抗生素，配合抗生素使用镇咳祛痰药，同时可应用磺胺类药物内服。为控制炎性渗出促进吸收，可静脉注射 10%葡萄糖酸钙、10%氯化钙、3%～5%碘化钙或 10%水杨酸钠等。为维护心脏机能，防止心肺综合征发生，可使用毒毛旋花子苷 K 等强心剂，并配合使用镇咳祛痰药。视情况配合使用抗病毒药物，当病驴持续高热时可应用解热剂，如对乙酰氨基酚（扑热息痛）、阿尼利定（安痛定）等，也可以使用补中益气汤和麻杏石甘汤等方剂。

第四节　肺泡气肿

肺泡气肿是指肺泡壁甚至包括整个终末细支气管远端（细支气管、肺泡管和肺泡囊）的气腔壁弹力减弱，气腔极度扩张，肺泡内充满气体，肺体积增大的一种肺疾病。

随着病程的发展可能伴有肺泡壁、肺间质及弹力纤维萎缩甚至崩解，临床可分为急性肺泡气肿、慢性肺泡气肿和间质性肺泡气肿。

【病因】

急性肺泡气肿：两肺叶同时发生的气肿（泛发性肺气肿），一般不伴有肺组织结构的改变，主要是由于过度使役、骑乘、超体力的挽拽和驮载，可继发于上呼吸道疾病（如鼻炎、喉炎和鼻副窦炎）以及慢性、弥漫性支气管炎。只限于肺的一部分的局限性气肿（代偿性肺气肿），原因是肺组织的各种疾病造成病变部功能减退或消失，肺的健康部分进行代偿以满足机体所需要的氧量，常见继发于肺组织的各种疾病。

慢性肺泡气肿：急性肺泡气肿的病因持续作用而发展成慢性肺泡气肿，伴有肺组织结构的改变。肺泡持续扩张、肺泡壁弹性消失、肺泡内充满气体，导致肺的容积增大。

间质性肺气肿：间质性肺气肿是因肺泡或毛细支气管破裂，空气蓄积于肺小叶间质而发生的一种肺病，起因于剧烈的阵发性咳嗽、吸入刺激性气体、超体力劳役、肺炎和异物损伤等。

【症状】

急（慢）性肺泡气肿：以呼气性呼吸困难为特征，呼气用力，呼气时间延长，沿肋弓有明显的喘沟，可视黏膜发绀，静脉怒张，慢性时呈现两段呼气，病驴呼气时表现背腰弓起、肛门外突等症状。

间质性肺气肿：突然发生，迅速呈现呼吸困难，精神不安，拒绝采食饮水，脉搏急速，黏膜发绀。

【诊断】

急（慢）性肺泡气肿：胸部听诊病变部肺泡呼吸音减弱、健康部增强，若是因慢性支气管炎引起的肺气肿，可听到干、湿啰音，当支气管堵塞时，则相应的肺区肺泡呼吸音消失。胸部叩诊，呈过清音，尤其是肺脏后下缘叩诊音的变化更为明显，叩诊界向后扩大1~4个肋骨，心脏绝对浊音区缩小或消失。

间质性肺气肿：症状是在颈及肩胛部出现皮下气肿，并迅速扩散到全身皮下组织，触诊时感到手下有气体窜动的哗拨音。

根据临床症状，综合诊断此病。

【预防控制】

原则：祛除病因，加强饲养管理。

急性肺泡气肿应注意祛除病因，充分休息，及时治疗原发病。慢性肺泡气肿，应减轻劳役，采用对症疗法。如果是因肺炎或支气管炎引起的，要积极治疗原发病。当呼吸困难是由于细支气管黏膜肿胀或聚集炎性渗出物导致支气管狭窄引起的，可使用竞争性

拮抗乙酰胆碱或胆碱受体激动药（如阿托品）。如果病驴表现极度不安，可应用镇静剂
（如水合氯醛）。治疗期间要饲喂湿草料，减少精料。中兽医治疗方案为适当祛痰止咳，
对症治疗。方剂参考：白及 120 g、白蔹 90 g、枯矾 120 g、硼砂 30 g、香油 120 g、鸡
蛋 10 个，前四味研成细末，混合香油、鸡蛋清加水调和，于饲后 2 h 内灌服，夏天加
生石膏 60 g。

第五节　胃 肠 炎

胃肠炎是指胃肠黏膜及黏膜下深层组织的炎症。按炎症性质分为浆液性、出血性、
化脓性和纤维素性胃肠炎，按病程可分为急性和慢性胃肠炎，按病因可分为原发性和继
发性胃肠炎，是驴常见的一种消化道疾病，驴驹发生后症状更加明显。

【病因】

原发性胃肠炎是长期饲养管理不当，导致长期消化不良引起的胃肠炎症。一般常见
的原因有长期饲喂发霉的草料、不洁的饮水，采食了有毒的植物和有强烈刺激腐蚀性的
化学物质，气候骤变、运输等引起应激反应，采食粗硬草料、异物等损伤肠黏膜，广谱
抗生素的滥用造成肠道菌群失调而引起的二重感染。

继发性胃肠炎的原因，最常见于消化不良、便秘和肠变位以及寄生虫感染、中毒性
因素等。

【症状】

临床上胃肠炎以严重的胃肠功能紊乱、腹泻、腹痛、发热和脱水为主要特征，初期
多呈现消化不良的症状，以后逐渐或迅速地呈现胃肠炎的症状。病驴可呈现精神沉郁，
食欲废绝，饮欲增进，腹痛腹泻，粪便恶臭或腥臭，内有多量的黏液、血液和坏死组织
片，脱水症状明显，尿少色浓，结膜暗红并黄染，眼球凹陷，角膜干燥。霉菌性胃肠炎
的特点，是在饲喂发霉草料后同时或相继发病。

【诊断】

典型的胃肠炎有剧烈的腹泻、腹痛、脱水、体温升高、心率增速等迅速加重的全身
症状，剖检可见胃肠黏膜呈现不同程度的肿胀、出血、溃疡，血液检查可见白细胞数增
多、嗜中性粒细胞增加且核左移等炎性反应。

【预防控制】

原则：抑菌消炎、补液解毒、祛除病因和维护心脏功能。

在抑菌消炎方面，选用抗生素时应对粪便做药敏实验，为选定药物做参考。维护心
脏功能，强心药有毛花苷 C、毒毛花苷 K、20％的安钠咖，心肌营养药有 ATP、细胞

色素 C、肌苷、辅酶 A、维生素 C 等。注意在胃肠炎治疗过程中，血钾往往降低，需要适当见尿补钾，注意维持体内电解质的平衡。缓泻可用液体石蜡、鱼石脂内服，止泻可用药物炭、鞣酸蛋白等。同时平日做好饲养管理工作，避免采食霉变饲料、有毒物质和有刺激腐蚀性的化学物质，减少各种应激因素。根据中兽医的辨证施治原则，使用具有调理肠胃、清热利湿、健脾和胃等功效的中草药。例如，对于胃肠湿热型，可以使用葛根芩连汤加减；寒湿阻滞型，可使用藿香正气散加减；食滞胃肠型，可使用保和丸加减。

第六节　胃　扩　张

胃扩张是指在异常状态下，短期内胃和十二指肠出现大量气体、液体积聚或是饲草料滞留，引起胃和十二指肠上段异常高度扩张。此病按病程可分为急性胃扩张和慢性胃扩张。

【病因】

急性胃扩张：是由于胃后送功能障碍，使胃急剧膨胀的一种腹痛病。原发性急性胃扩张是由于突然改变饲养制度、饲喂不当、饥饿过度、咀嚼不细、贪食等原因，神经和体液调节紊乱，胃消化功能降低导致胃扩张；继发性急性胃扩张常继发于小肠便秘、小肠变位、小肠炎症及肠膨胀，致使肠管的逆蠕动加强，大量肠内容物返回到胃，使胃过度膨胀继发性胃扩张。

慢性胃扩张：是胃壁平滑肌弛缓、胃腔持久性增大的一种慢性病。原发性慢性胃扩张是由于长期饲喂劣质或不易消化的饲料等，胃负担过重，胃肌收缩力减退；继发性慢性胃扩张常因幽门阻塞（肿瘤、脓肿），马胃蝇蛆等寄生虫引起的幽门狭窄及代谢产物的毒性作用，引起幽门神经和肌肉的改变，造成胃排空困难。

【症状】

原发性急性胃扩张多在采食时或采食后 1～2 h 突然发病，以出现剧烈腹痛、嗳气、腹围不大而呼吸紧迫为特征，病初表现不安，很快出现明显的腹痛，呼吸急促，有时出现逆呕动作或犬坐姿势，饮食废绝，口腔有酸臭味，肠音逐渐减弱或消失，初期排少量粪，后期排粪停止。

慢性胃扩张以周期性采食后腹痛发作、慢性消化不良、消瘦等为特征，先有原发病的表现，再出现胃扩张的主要症状。

【诊断】

根据胃的听诊及胃管插入、腹痛症状等综合检查来确定。插入胃管后，排出的胃内容物可作为此病的诊断特征。如有嗳气，腹围不大而呼吸局促，表现中等以上的腹痛，对食管及胃听诊，能听到食管的逆蠕动音和胃蠕动音，可初步判定为胃扩张，进一步插入胃管如能排出多量气体和一定食糜，即可确诊为急性胃扩张。如有嗳气和呕吐，呼吸窘迫，有周期性腹痛现象，直肠检查在左腹中上部能摸到呈坚实样硬度扩张的胃，有慢性消化不良和消瘦现象，考虑诊断为慢性胃扩张。

【预防控制】

原则：以排减胃内容物、镇痛解痉为主，以强心补液、加强护理为辅。

解除扩张状态，缓解幽门痉挛，镇痛止酵、恢复胃功能。通过胃管排出胃内的气体和液体，尽快减少胃内容物，可灌服适量的制酵剂和健胃剂。对重症的胃扩张或发病后期，应及时进行强心补液。给予多汁易消化的饲料，避免饲草料突变，禁止饲喂霉变饲草料。中兽医称此病为大肚结，中药以增强胃的机能，消食破气，化谷宽肠为治疗原则。中兽医可能会根据辨证施治原则，使用具有调理脾胃、行气消滞作用的中草药。例如，对于食滞性胃扩张，可以使用厚朴、枳实、大黄等药材；气胀性胃扩张，可以使用木香、槟榔等以行气消滞。

第七节 腹 泻 症

腹泻症不单指某一种疾病，是由多病原、多因素引起的一种常见胃肠道病症。按病程可分为急性和慢性腹泻，按致病因素可分为细菌性、病毒性和霉菌性以及消化不良性腹泻。

【病因】

此病在潮湿雨季更易发生，一般呈散发或呈地方性流行。患驴与带菌驴是此病的主要传染源，主要通过消化道传播，最重要的传染途径是经口感染。环境污秽、潮湿、棚舍拥挤、粪便堆积、饲料单一等因素可促进此病的发生。

临床上引起细菌性腹泻的大多是条件致病菌，其中埃希氏肠杆菌感染是首要的致病因素，常与其他病原混合感染或发生继发感染。产气荚膜梭菌感染产生的外毒素血症，可引起肠道出血性坏死。轮状病毒是引发病毒性腹泻的主要病原体，多侵害1月龄左右的幼驹。霉菌性腹泻可能不易察觉，一旦发病，临床表现会变得紧急且显著，特别需要注意防范。消化不良性腹泻是一种非传染性的胃肠道疾病，常因饲料结构单一、营养不全引起。

【症状】

细菌性腹泻主要表现为精神沉郁、呆立不动、发热和共济失调，粪便带多量黏液或血迹。

病毒性腹泻主要表现为腹泻、呕吐、脱水等症状，排出黄色的水样粪便，排泄特征常表现为喷射状。

霉菌性腹泻主要表现为急性腹痛、排出带血的红色粪便，有狂躁不安、沉郁等精神症状。

消化不良性腹泻发生原因复杂，如母驴妊娠后饲料单一，母乳营养不足且分泌过少，无法满足驴驹生长发育的需求，驴驹摄入大量沙子或其他不消化的物质。单纯性消化不良排出淡黄色或灰白色的粪便，其中夹杂未完全消化的纤维状物质，伴有酸臭或腥臭气息；中毒性消化不良，腹泻症状更为严重，表现为频繁排出水样粪便，内含大量黏液乃至血液并散发腐败臭味。

【诊断】

腹泻的病理学变化主要是出血性肠炎，肝脏硬肿和实质变性，心肌和肾脏变性。以稀便、水样便等异常为主要临床特征。常用的诊断方法主要是采集粪便样品进行常规的病原菌的分离鉴定、分子生物学方法、夹心 ELISA 血清学检查等。

【预防控制】

原则：祛除致病因素，防范菌血症、败血症及内毒素血症的发生。

细菌性腹泻，治疗措施以支持治疗为主，包括补液（纠正脱水、电解质和酸碱失衡）、使用非甾体类抗炎药物镇痛消炎。病毒性腹泻，主要采取止泻补液和抗病毒的治疗方法。霉菌性腹泻，重视饲料质量，若发现霉变、过期饲料应该及时处理。单纯性消化不良性腹泻，以调整饲料为主。

同时，需要定期驱虫，重视饮水，对养殖环境和饲喂用具等进行彻底消毒，适量添加维生素、微量元素，均衡营养，尽可能延长驴驹母乳喂养时间。根据腹泻的不同类型采用不同的中草药配方：保和丸加减，适用于食滞胃肠型腹泻；理中汤或附子理中丸，适用于脾胃虚寒型腹泻；参苓白术散，适用于脾虚湿盛型腹泻。

第八节　肠变位与肠套叠

肠变位是指肠管的自然位置发生改变。肠套叠是因肠管功能紊乱，某段肠管伴同肠系膜套入相邻的肠管内，导致局部血液循环障碍和坏死。

【病因】

原发性肠变位主要是由于饲养不当、胃肠功能紊乱所致。常见的原因有：某段肠管过度充盈，邻接的肠管过度空虚；肠管的蠕动功能强弱不同；体位突然而剧烈地改变等。

继发性肠变位多发生在各种胃肠性腹痛病。常见的原因有：肠管发生痉挛性收缩，各肠段的蠕动强弱不同；肠管积粪或积气，肠内压增高，肠管相互挤压导致位置改变；由于腹痛身体滚转，体位快速变化等。

肠套叠常见原因有：受凉、饮用冰水、饲喂质量低劣的饲料等引起的肠蠕动和肠运动神经调节紊乱；幼驹因消化不良、肠痉挛、寄生虫等因素导致肠套叠。

【症状】

以突然发生剧烈腹痛，食欲废绝，肠鸣音减弱或消失，直肠内有红褐色或松馏油样黏稠粪便为特征。

肠变位时腹痛剧烈呈持续性，经常继发胃扩张和肠膨胀，多数在数小时内加重，表现为全身出汗、肌肉震颤、呼吸窘迫、脉搏细弱急促（80 次/min 以上），体温升高到 39 ℃以上，直肠内有较多黏液，肠系膜紧张，呈索条状向一定方向倾斜。

肠套叠时突然发生剧烈腹痛，按压腹部有时可以摸到香肠样块状物，排粪多停滞，直肠检查时有血便，常继发胃扩张，多数病情发展迅速，预后不良。

【诊断】

临床上出现持续性剧烈腹痛，即便应用大剂量的镇痛剂，也无明显减轻。病程后期，病驴反应迟钝，常拱腰呆立，强迫行走时通常谨慎小步移动。严重者食欲废绝，口腔干燥，肠音沉衰或消失，排粪停止。直肠检查，肛门紧缩努责，入手困难，通常可摸到病变部肠管的位置、形状和走向发生改变，如加以触压或牵动，病驴剧烈闹动不安。一般小肠变位时，多有局部气肠；粗大肠管如左侧大结肠变位时，常能触到其上下层大结肠的位置改变；肠套叠时可摸到套叠的肠管，呈香肠状。腹腔穿刺液检查，不同类型的肠变位，腹腔中可能积存一定量的渗出液体，颜色多为粉红色或暗红色。尚不能确诊者，应及时选择适当部位剖腹探查。

【预防控制】

原则：此病以预防为主，目前还无有效的药物疗法。

预防措施着重于改善饲养管理，定期驱虫，防止幼驹久卧湿地和饮用冷水，防止胃肠功能紊乱，及时治疗胃肠痉挛等原发病因等。治疗时以手术整复为主，对症治疗为辅。根据肠变位和肠套叠的种类和程度，早期可采取剖腹手术或剖腹切除坏死肠段作肠吻合术，并施行镇痛、减压、补液强心等支持疗法，为手术整复创造条件。注意手术整复之前，禁止使用泻剂。为保持机体的抗病能力，除及时应用镇痛剂减轻疼痛刺激外，还要及时调节酸碱平衡、缓解脱水状态，以维持血容量和血液循环功能，防止发生休克。

第九节　结　　症

结症又称肠梗阻，是由于肠道运动功能和分泌功能紊乱，粪便阻塞在肠管内不能移动,引起肠气不通、腹痛不安的一种疾病。肠道阻塞、便秘都属于结症范畴。

【病因】

导致结症的主要原因有:饲喂不当,饲料坚硬、粗糙难消化,过饥过饱,饲养方式突然改变或饲料变质;饮水不足,消化液分泌减少,导致对水的吸收加强;长期运动不足,肠道运动机能减退;天气突变,机体应激不能适应,引起消化紊乱;另外牙齿状况不良、全身虚弱、慢性消化不良、营养不良、寄生虫等原因导致消化系统功能失调,也可能引发结症。

【症状】

以腹痛、肠音不整或减弱消失、粪尿减少或消失为共同特征。由于密集粪块的压迫和腐败发酵产物的刺激,反射性引起肠蠕动增强和肠道分泌物的增加,生理性促进粪便松软和推动后送,临床上有自愈的可能,但如不能软化后送,病情就进一步恶化发展。随着阻塞部的前方肠内容物的推送堆积,加上腐败发酵产生大量的气体,使阻塞部前方肠管膨胀越来越严重,加上粪便的重力牵拉,膨胀的肠管又相互挤压导致肠系膜受到牵拉,使腹痛进一步加剧。临床上,小肠阻塞常发生在十二指肠乙状弯曲、从右到左的横行十二指肠及回肠末端;大结肠容易阻塞的部位在胸骨曲、骨盆曲、膈曲、胃状膨大部。通常,小肠结症病程短,多在数小时至 2 d 之内,大结肠结症在 2～3 d,盲肠结症病程最长,可达 1～2 周甚至月余。

一般来说,结症的部位越靠近胃,脱水就越严重,这是由于胃和小肠分泌腺分泌功能旺盛,以及渗入胃肠内的液体不能被大肠重吸收的缘故。当小肠处发生结症时,不仅胃内容物及气体不能后送,小肠内发酵产生的气体和液体,因蠕动增强而逆流入胃内,可能引起继发性胃扩张,这是腹痛加剧的另一个因素。堵塞部前方肠管分泌物的增加,大量液体渗入肠腔,加上饮食废绝以及剧烈腹痛时全身出汗,易导致机体脱水和电解质紊乱。

随着病程的发展,腹痛及脱水逐渐加剧,出现中毒性休克。同时,腹痛导致交感神经兴奋,引起全身其他器官的变化;胃肠膨胀使胸腔负压降低,影响静脉血液回流;脱水及酸碱平衡失调导致微循环障碍,有效循环血容量减少以及自身中毒对心肌产生影响,导致心力衰竭;出现胃扩张、胃肠炎、腹膜炎、肠炎和肠变位等继发病症。

【诊断】

临诊时对于那些出现排粪减少,耳鼻较凉,唇舌色淡等症状的病驴,均应进一步通过直肠入手检查确定是否为结症,以免误诊。

腹痛:完全梗阻多呈现剧烈腹痛,不完全梗阻呈现轻度腹痛。

粪尿变化:病初排粪量减少,次数增多,零星排出干、小、松散并覆有黏液的粪球，以后排粪停止，随着腹痛加剧排尿减少或停止。

肠音：病初肠音不整，以后逐渐减弱或消失。

口腔：病初稍干燥，随着病程加重干燥加剧，出现舌苔并有不同程度的臭味。

全身状态：病初体温、脉搏、呼吸无明显改变，中、后期脉搏增数并逐渐细弱，继发胃扩张时呼吸窘迫，继发胃肠炎、腹膜炎时体温升高。

直肠检查：可摸到一定形状和不同硬度的粪结阻塞的肠段。

【预防控制】

原则：采取"疏通、镇静、减压、补液、护理"的综合防治措施。根据病情灵活应用多种手段，做到"急则治其标，缓则治其本"，适时地解决不同的问题。

治疗的主要目标是有效化解积聚的粪便，以确保肠道的畅通。通常采用内服泻剂通便的方法，如使用硫酸钠、大黄、食盐、液体石蜡和敌百虫等；采用按压、握压、切压、捶结和直取等手法，术者将阻塞物固定在手掌用力压迫到腹侧，由助手握拳在腹部凸出部反复猛击，直到术者感觉阻塞物锤扁，有气体排出时即可结束。如果通过以上方法仍然不能解决问题，则可能需要手术介入破结，进行开腹手术。胃肠减压，缓解胃肠膨胀可通过胃管将胃内积液安全排出或借助穿肠手段释放积聚的气体，降低腹内压力。

镇静镇痛，临床上常用的药物有 5％水合氯醛酒精注射液、安溴注射液、20％硫酸镁注射液、2.5％盐酸氯丙嗪注射液等，但禁用阿托品、东莨菪碱、山莨菪碱、琥珀酰胆碱和吗啡作为镇痛解痉药。

经历严重腹泻后，在补充体液的过程中，应当适时加入碳酸氢钠溶液以调整酸碱平衡，解除酸中毒。注意维护心血管功能，纠正脱水与失盐，以增强机体抗病力，提高疗效。

对患结症的病驴应精心护理，腹痛时应防止起卧、滚转，以免摔伤和左右滚转引起肠扭转，肠道未通或刚通后应禁止饲喂，结症解除后饲喂柔软草料。

在中兽医疗法中，针对结症的主要治疗方法为八法中的"下"法，即尽快使患驴从肠道排出粪便。《司牧安骥集》和《元亨疗马集》中分别记载了前结和中结均可针刺蹄头穴放血进行治疗，《痊骥通玄论》记载后结可针刺三江穴、大脉穴、蹄头穴放血进行治疗。中兽药方剂主要以泻下剂为主，如灌服大承气汤加味、通关散、鱼沫汤调马价丸或木槟硝黄散等，具有峻下热结之功效。此外，结症一般伴有停尿或少尿，可在大承气汤中增加车前子利尿。

第十节 肾炎与肾病

肾炎是指肾小球及毛细血管网的炎症，肾小管发生变性及肾间质组织发生细胞浸润的肾脏疾病。肾病是指肾小管上皮细胞发生弥漫性变性、坏死的一种肾脏疾病。根据病的特征及临床经过，肾炎可分为急性、慢性血管球性肾炎和间质性肾炎。肾病可分为急性肾病与慢性肾病，临床上以急性肾病较为多见。

【病因】

肾炎的病原尚未完全阐明，原发性的肾炎少见，继发性的多因感染和中毒。感染如炭疽、传染性胸膜肺炎、链球菌感染和败血症等；中毒如胃肠炎、肝炎等疾病产生的毒素，组织分解产物，采食有毒植物、重金属、化学毒物和腐败饲料，以及长期食入酸性饲料等。

肾病的病因多种多样，主要是由感染和中毒引起的。感染如发生某些急、慢性传染病（马传染性贫血、鼻疽、马流行性感冒、马传染性胸膜肺炎等）；中毒如某些化学物质中毒（汞、磷、砷等），采食腐败、发霉饲料引起的真菌毒素中毒及蠕虫病、化脓性炎症等。

【症状】

急性血管球性肾炎：尿量减少或无尿，尿色深黄，有血尿（尿沉渣中有红细胞及红细胞管型）或蛋白尿出现，肾区有疼痛反应现象；脉搏强硬、血压升高、主动脉第二心音增强；精神沉郁、体温升高、食欲减退。

慢性血管球性肾炎：多由急性血管球性肾炎发展而来，临床症状基本相似，典型的病症呈现水肿、血压升高和尿液异常。

间质性肾炎：尿量明显增多（超过正常尿量数倍），持续性高血压，因心脏肥大导致心脏搏动增强，相对浊音区扩大，主动脉第二心音增强，脉搏充实紧张；随着病程的发展，出现心脏衰弱、尿量减少、皮下水肿（心性水肿）的症状，严重时出现体腔积液和尿毒症。

肾病：大量蛋白尿，严重的水肿及低蛋白血症，一般与肾炎症状基本相似，不同的是没有血尿。

【诊断】

根据临床症状及尿液检查以及有无传染或中毒性疾病的病史等进行综合诊断。

急性、慢性肾炎：尿量不变或减少，尿沉渣中有大量的肾上皮细胞、各种管型和少量红细胞等。

间质性肾炎：尿量增加，有尿毒症表现，直肠触诊肾脏硬固、体积缩小。

肾病：尿中有大量蛋白质、肾上皮细胞、透明管型和颗粒管型，但无红细胞和红细胞管型。

【预防控制】

原则：促进排尿、祛除病因。

为防止水肿，要适当限喂盐和饮水，使用利尿剂。在临床上利尿药物可选用噻嗪类利尿剂，此类药物具有易吸收、作用发挥快、利尿作用强而持久、毒性低的优点。由感染因素引起者，可选用磺胺类或抗生素药物；由中毒因素引起者，可采取相应的解毒措施。为调整胃肠功能，可使用缓泻剂清理胃肠或给予健胃剂以增强消化功能。

第十一节　肢　蹄　病

肢蹄病（lameness）是四肢和蹄部所发生的一系列病变的总称。常见的肢蹄病包括变形蹄、外源性创伤、蹄叶炎、蹄叉腐烂、蹄冠真皮炎、蹄冠蜂窝织炎等。

【病因】

长蹄，蹄的两侧支超过了正常蹄支的长度，蹄角质向前过度伸延呈长形。宽蹄，蹄的两侧支长度和宽度都超过了正常的范围，外观大而宽，此类蹄角质部较薄，蹄踵部较低，在运步中蹄的前缘负重不实。翻卷蹄（趾），蹄的内侧支或外侧支蹄底翻卷。前蹄发病率较高的依次为长蹄、宽蹄、翻卷蹄（趾），后蹄发病率较高的依次为长蹄、翻卷蹄（趾）、宽蹄。

因为驴属于胆小敏感的神经质动物，对外界应激因素敏感，因争斗、滑（跌）倒，在打击、冲撞等外力的作用下造成外源性创伤（裂蹄、蹄底挫伤、蹄踏伤、蹄钉伤、蹄冠踩伤等），如创伤面受到微生物污染，常会发生细菌性感染。

研究表明，蹄角质的生长速度受驴的品种、年龄、性别、健康状况、饲养管理、季节、环境条件及蹄部卫生等诸多因素的影响，一般平均每月可生长 8 mm，如不及时修剪会导致蹄变形。研究发现，摄取的饲料营养对肢蹄病发病率有显著影响，决定着蹄壁的硬度和强度。日粮中缺乏维生素以及日粮结构的不合理（钙磷比例失调、锌的摄入量偏低），摄入超过 1 g/kg 体重的淀粉物质，常会导致胃溃疡综合征引发蹄叶炎。

【症状】

表现为肢蹄关节变形、运步姿势异常、精神焦躁、日渐消瘦、生产性能下降，因疼痛跛行、卧地不起而被迫淘汰。病驴站立时四肢足尖着地，驱赶运动时呈跛行，受伤部位肿胀疼痛。

蹄叶炎是蹄壁真皮特别是蹄前半部真皮的弥漫性非化脓性炎症，驴偶有发病且多见于种公驴，症状表现为两前蹄发病，站立时两前肢伸向前方，蹄尖翘起以蹄踵着地负重，重心后移，拱腰，后躯下蹲，两后肢伸向腹下负重。

蹄叉腐烂是蹄叉中沟或侧沟发生感染腐烂。

蹄冠真皮炎、蹄冠蜂窝织炎和腐败性炎是蹄冠缘和蹄冠部的真皮及角质蹄匣临界真皮处出现感染。

【诊断】

根据跛行、姿势异常、蹄裂、变形、肿胀、破溃等临床表现，结合饲养管理史诊断此病。

【预防控制】

原则：采取早发现、早治疗的策略，明晰病因，祛除病根。

平时加强蹄部护理（修蹄），修蹄时需要用蹄钳切除多余的蹄壳保证角度。有炎性反应的蹄病应进行清创、消炎、杀菌、止痛，可用3％来苏尔、5％过氧化氢溶液、1％硫酸铜水溶液和1％高锰酸钾水溶液等彻底清洗蹄壳表面及藏匿于角质裂隙内的致病微生物，局部外涂5％碘酊等，空隙可填充高锰酸钾粉或硫酸铜粉并用浸有松馏油的纱布条包扎，如需全身性的抗菌药治疗可用磺胺类及抗生素类药物。肢蹄病重在预防，定期修蹄维护，防止蹄变形、变异的发生。

第十二节　妊娠毒血症

妊娠毒血症（pregnancy toxemia）是以高血脂和代谢性酸中毒为症状的一种代谢紊乱疾病。多发生于母驴怀孕后期，产前数天至1个月内，以产前10 d内发病者居多。

【病因】

发病的原因和机理还有待研究。妊娠末期，胎儿迅速生长，代谢过程愈加旺盛，需要从母体摄取大量的营养物质，妊娠母驴缺乏运动，胎儿过大，饲料过于单一，缺乏青绿饲料，饲草质劣、精料搭配不合理或不足，会造成维生素、矿物质及必需氨基酸的缺乏。如果再缺乏运动，消化吸收机能降低，母体所获得的营养物质不够，不得不动用自身储存的糖原、脂肪和蛋白质，优先满足胎驹生长发育的需要，导致肝脏机能失调，引起代谢机能障碍，形成高脂血症及脂肪肝等，有毒代谢产物排泄不当，造成机体中毒。

【症状】

以出现脂肪肝、高血脂、高血酮和代谢性酸中毒为主要症状，临床表现以顽固性不食为特征。

轻症症状：精神不振，食欲减退，口干，舌无苔，尿少色黄，排粪有的粪球干黑，有的带有黏液，有的粪便稀软，有的干稀交替。

重症症状：精神极度沉郁，呆立不动或卧地不起，食欲废绝，尿少色黄，粪球干黑，后期排粪干稀交替，味极臭，多数呈暗灰色或黑稀水，重症母驴分娩时阵缩无力，难产、流产。

【诊断】

根据临床症状和酮血症、酮尿症等实验室检查进行诊断，静脉采血静置后，血清和血浆呈浑浊的乳黄色。

【预防控制】

原则：供给富含蛋白质和碳水化合物并易消化的饲料。

针对高脂血症的病例，可以辅以肌醇、复方胆碱等降脂药，酸中毒明显的静脉注射5%的碳酸氢钠液。妊娠母驴的饲草料应保持多样性与营养均衡性，提高日粮质量水平，平时加强运动，控制膘情，产前1~2个月检验血脂及尿酮体。

第十三节　维生素缺乏

维生素是机体维持正常生命活动所必需的一类低分子有机化合物，具有调节和控制物质代谢的作用，对健康繁殖至关重要。如果体内维生素不足或缺乏，就会引起一系列营养代谢病，称为维生素缺乏症，包括单一维生素和多种维生素缺乏症（综合性维生素缺乏症）。

【病因】

高热、慢性腹泻等消耗性疾病，青绿饲料、谷类饲料不足，蛋白质、微量元素摄入不足，营养不良等原因会导致维生素的缺乏。其中，脂溶性维生素 A、D、E、K 与水溶性 B 族维生素和维生素 C 各有独特功效，分别涉及视力、骨骼发育、抗氧化、生殖机能、凝血机制和新陈代谢等方面。

【症状】

临床维生素缺乏常见的有维生素 A 缺乏症、B 族维生素缺乏症、维生素 K 缺乏症、维生素 E 缺乏症。

维生素 A 缺乏：幼驹较明显，通常可见角膜混浊变厚，皮肤干燥，蹄角质容易崩裂，食欲不振，呼吸加快，营养不良。

维生素 B_1（硫胺素）缺乏：表现为食欲减退、膘情减退、生长发育缓慢、四肢无力、心律不齐、心脏衰弱或出现水肿。

维生素 B_2（核黄素）缺乏：表现为生长缓慢、腹泻、流涎、流泪、脱毛。

维生素 B_3（泛酸）缺乏：表现为毛色素减退呈灰色，严重者可发生皮肤溃疡、肠道溃疡、结肠炎，有时会出现胎儿吸收、畸形、不育。

维生素 B_5（烟酸）缺乏：表现为食欲下降，严重腹泻，皮屑增多性发炎，肠道出血、溃疡。

维生素 B₆（吡哆醇）缺乏：引起皮炎、四肢无力和中枢神经系统功能紊乱。

维生素 B₇ 缺乏：表现为皮肤炎症，脱毛，蹄底蹄壳出现裂缝，口腔黏膜炎症、溃疡。

维生素 B₁₂ 缺乏：表现为体重减轻、肌肉无力、贫血、生殖功能受损。

叶酸缺乏：表现为贫血。

维生素 K 缺乏：表现为皮下和肌间出血，呈现贫血症状，黏膜苍白，心跳加快，全身衰弱。

维生素 E 和硒缺乏：引起代谢障碍病（白肌病），呈现运动障碍、心脏衰弱、呼吸困难、消化功能紊乱，剖检时可见心肌和骨骼肌变性、坏死。

【诊断】

根据饲养管理状况、日粮分析、临床症状可作出初步诊断。实验室测定饲料、血液和肝脏维生素含量，明确体内缺乏的维生素种类。

【预防控制】

原则：饲料多样化，补充青绿饲料。饲喂含维生素丰富的饲料，如青绿饲料和谷类饲料、豆类、麸皮等。

针对维生素 A 缺乏：治疗剂量可用到每日需要量的 10～20 倍，一般每千克体重用维生素 A 350 IU。

针对 B 族维生素缺乏：要注意日常加工、存储、饲喂饲料确保科学合理，避免使用不当造成 B 族维生素大量流失；加强肠胃功能维护，一旦有肠胃类疾病积极诊治。

针对维生素 K、E 缺乏：保证青绿饲料的供给，可在饲料中每千克体重补充维生素 E 20 IU，或者是混入维生素 E 含量较高的植物油（含量控制在 0.5%），注意维生素 E 缺乏的同时常会伴有硒的缺乏。

覆盆子、白术可补充维生素 A；杏仁、车前子可补充 B 族维生素；维生素 K 缺乏可选用四物汤，其有补充气血的功效；胡桃仁可补充维生素 E。

第十四节 难 产

难产即母驴分娩期出现延迟或异常，常见的分娩异常有子宫扭转，胎头、前后肢姿势不正，胎位和胎向不正等。

【病因】

分娩是由产力、产道和胎儿 3 个因素综合作用的结果，其中的任何一个因素发生异常都可能引起难产。

产力因素：孕驴在妊娠期间尤其是妊娠后期，由于营养不足、饲养管理不当，体质衰弱，产力减弱或不足，分娩时努责无力而造成难产。

产道因素：常见体型小的母驴由于骨盆腔相对小或者骨盆的骨骼结构特殊（耻骨窄而髋骨斜），胎儿不易从产道中通过而形成难产。

胎儿因素：因胎儿过大，胎位（胎儿背部与母体背部和腹部的关系）下位或侧位，胎势（胎儿各部分间的关系）异常如胎头弯曲、关节屈曲以及胎向（胎儿身体纵轴与母体纵轴的关系）不正等原因导致胎儿难产。

【症状】

难产的症状包括产程延长，母驴有持续而强烈的宫缩、颤动、焦虑或不安的表现，呼吸沉重、急促，呕吐，食欲减退，阴道出血。难产可能导致母驴出现疲劳、感染或其他并发症。

【诊断】

如果母驴分娩时间过长，出现明显的疼痛和不适，可能是难产的迹象。如果长时间没有子宫收缩或者收缩无力，可能导致难产。此时，需要检查母驴的产道，确定胎儿的位置和姿势是否正常，检查体温、心率和呼吸速率以评估其健康状况。如果胎儿在产道中受阻，可能会引起胎儿窒息或死亡，需要通过检查来判断胎儿的正确处置方式。

【预防控制】

原则：做好预防难产的措施，明确难产原因，展开救治。

在母驴开始努责到胎囊露出或排出胎水这一期间进行临产检查，当发现胎儿姿势异常时，应将胎儿推回子宫矫正整复，牵拉胎儿时要配合阵缩和努责进行，注意保护母驴会阴。难产因素并不一定是单独发生的，有时某一种难产可能伴有其他异常，如头颈侧弯时前肢可能同时发生肩部前置或腕部前置等。因此，助产时一定要采用正确方法，以提高繁殖成活率。

胎头过大：用手拉住两前肢，手伸入阴道，抓住胎儿下颌，将胎儿头扭转方向拖出，当胎头过母驴阴户时，用手护住外阴部，以防造成会阴撕裂。

头颈侧弯：胎儿两前肢一长一短伸出产道（胎头弯向较短肢的一侧），进入产道检查时，除能摸到两前肢外，手向前则能触摸到屈转的胎儿头颈。助产时，若胎儿体躯较小或胎头侧弯较轻，手可握住胎头的一部分，如前额、下颌骨体、眼眶或耳朵进行拉正，若侧弯严重时可先在胎儿的前肢系上绳子，将胎儿送回产道，助产者将手臂伸入阴道，抓住胎儿眼眶，将胎头整复，然后拉出。

胎头下垂：从阴门外看不见胎儿蹄子或仅见蹄尖，从产道可摸到前置的胎儿额部或颈部，额部前置时只要将手伸向胎儿下颌的下面上抬，即可将胎头拉入骨盆而得到矫正；颈部前置时，需用产科器械辅助，用产科梃顶住胎儿颈基部与前肢之间，一手抓住胎儿下颌或眼眶（也可用产科绳系住胎儿下颌），在推回胎儿的同时牵拉胎头矫正。

腕关节屈曲：阴门处只见一前肢伸出（一侧腕关节屈曲），或一无所见（两侧腕关节屈曲），从产道可摸到一前肢或两前肢腕关节屈曲及正常的胎头，助产时若左侧腕关节屈曲，则用右手，右侧屈曲则用左手，先将胎儿送回产道，用手握住屈曲肢掌部向上方高举，然后将手放于下方球关节部，将球关节屈曲，再用力将球关节向产道内伸直即可整复。

肩关节屈曲：阴门外见有一前蹄及胎儿的唇部（一侧肩关节屈曲）或不见前蹄（两侧肩关节屈曲），随母驴阵缩可见鼻部展出，从产道可摸到屈曲的肩关节和正常胎头。助产方法是当胎儿楔入骨盆不深时，一手沿屈曲前肢前伸并握住膊部牵拉，使之成为腕关节屈曲后再按腕关节屈曲矫正；若胎儿楔入骨盆较深时，于胎儿屈曲肢膊部系上产科绳并推送胎儿，在推送的同时牵拉产科绳，待变成腕关节屈曲后，再按腕关节屈曲矫正。

后飞节屈曲：见有胎儿一后肢伸出阴门（一侧后飞节屈曲）或不见（两侧后飞节屈曲），从产道能摸到胎儿后躯和屈曲的飞节，助产时一手握住屈曲的后肢系部，尽力屈曲后肢的所有关节，同时推送胎儿。

抱头难产：从阴门看不见胎儿前肢，从产道能摸到胎儿头部及头部上方的蹄尖，助产时用产科绳拴住胎儿先位肢的系部，一面向斜下方牵引，一面用力推退胎儿肩胛关节进行复位。

以上操作要注意卫生消毒，防止母驴阴道、子宫的感染，宫内动作要轻柔，避免组织器官的损伤。要做好自我保护措施，避免人畜共患病的发生。

第十五节　阴道、子宫脱出和直肠脱出

阴道脱出是指阴道壁的一部分或全部脱出于阴门之外，多发生于妊娠末期。子宫脱出是指子宫全部翻出于阴门之外，多发生在分娩之后和产后数小时之内。直肠脱出是指直肠末端的黏膜或直肠一部分或大部分从肛门向外脱出。

【病因】

脱出的病因尚不完全明确，与多种因素有关，如解剖因素、发育与营养不良、年老衰弱等导致肛提肌和盆底筋膜薄弱无力等。阴道脱出可能因便秘、腹泻、胎儿过大、羊水过多、努责过度等致使母驴腹压升高。子宫脱出可能由于先天性或后天性的解剖异常，如分娩过程中产道和阴道组织的损伤，母驴长期承受过重的负荷或者运动时受到了剧烈的外力冲击等原因。直肠脱出是多种原因综合导致的结果，主要是直肠韧带松弛，直肠黏膜下层组织、肛门括约肌松弛和功能不全，导致直肠和肛门周围的组织与肌肉连接薄弱发生脱垂。

【症状】

阴道脱出：在肛门（阴门）外突出一排球大的囊状物（直肠脱出不是囊状物），表面光滑，粉红色，病驴起立后也不能缩回。脱出的阴道，由于长期不能缩回，淤血，很快发紫，黏膜水肿变白（黏膜开始坏死），因受地面摩擦及粪尿污染，常有脏物或有破口，血管破裂、流血久而坏死、糜烂。

子宫脱出：在脱出的区域可能会感到疼痛或不适，表现为哼哼声或拒绝走动，可能会对排尿或排便造成干扰，导致异常的排尿或排便行为。如果脱出导致了严重的并发症，会出现脱水、虚弱或食欲不振等症状。

直肠脱出：脱肛时直肠黏膜的皱襞往往在一定时间内不能自行复位，脱出的黏膜发炎，很快在黏膜下层形成水肿。随着炎症和水肿的发展则直肠壁全层脱出即直肠完全脱垂，脱出的肠管被肛门括约肌挤压，从而导致血液循环障碍，水肿更加严重甚至并发肠套叠或者直肠疝。

【预防控制】

原则：祛除和控制原发性致病因素，及早采取整复、固定措施。

此病预防应保持良好的机体健康状态，及时治疗便秘、腹泻、下痢等疾病，避免长时间承受过重的负荷和剧烈的运动，保持大便通畅，降低因母驴难产等原因造成子宫脱出和阴道脱出的风险。在分娩过程中，确保母驴得到适当的监护和护理，减少对生殖系统的额外压力，避免分娩过程中的损伤。

当发生脱出症状时，可用 0.1% 高锰酸钾溶液或 0.05%～0.1% 新洁尔灭等外用消毒溶液冲洗脱出物，对水肿位置用注射针头针刺，缓慢挤压放血水整复，然后轻轻用手将脱出物还纳，必要时外阴或肛门做荷包缝合，术后使用抗生素防止继发感染。

在中兽医诊疗方面，需根据证候轻重辨证治疗。轻症可在术后用党参 60 g，黄芪 90 g，白术 60 g，柴胡、升麻各 30 g，当归、陈皮各 60 g，炙甘草 35 g，生姜 3 片，大枣 4 枚为引，共为细末，开水冲服，1 剂/天，连服 3 天。中症可在整复时服用八珍汤：党参、白术、茯苓各 60 g，甘草 30 g，熟地、白芍、当归各 45 g，川芎 30 g，共为细末，开水冲服，1 剂/天，连服 5 剂。重症体温高而有感染者可用黄连 30 g，黄芩、黄柏、金银花、连翘各 45 g，栀子 60 g，水煎服，1 剂/天，连服 3 剂。

第十六节　脐　　炎

脐炎是指由于致病菌侵入驴驹脐带残端，引起的脐血管及其周围组织的炎症。按性质可分为化脓性脐血管炎和坏疽性脐炎，临床上以新生驴驹较为常见。

【病因】

脐带是胎儿和胎盘之间的联系结构，是胎儿从母体取得营养、输出代谢物的通路。驴驹出生后，由于断脐不当、脐部消毒不规范、驴舍环境卫生差等，致病菌侵入而引起脐部化脓性炎症，病情严重的可发展成为急性坏疽性脐炎。

【症状】

发病初期驴驹的症状不明显，随着病程的推移脐部发生疼痛，常有拱背、不愿行走、卧地时小心等表现，出现发热、疼痛、腹泻、精神及食欲不振等症状。此病及时发现经治疗后多转归良好，但是如果脓肿部位的致病菌沿脐血管扩散，则可能引起菌血症、脓毒败血症，如感染破伤风梭菌而发生破伤风，预后不良。

【诊断】

脐孔周围组织充血肿胀，有时在局部形成闭合型脓肿、组织糜烂，甚至形成瘘管久治不愈，在脐孔处形成瘘孔可挤出脓汁，挤压时幼驹表现疼痛。

【预防控制】

原则：做好新生驴驹脐带断处的预防性消毒工作。

发病后要及时进行清创处理，根据其发病轻重程度采取不同的治疗方法。如轻度感染清创后涂布外用消炎药，保持创口表面清洁、干燥；若有坏死组织，先对坏死组织进行清除，然后根据创面大小选择上述开放疗法或外科缝合；若形成脓肿，应将脓肿切开、排出脓汁、清洗脓腔、外科缝合，严重者预留引流管，全身配合使用抗生素。

人工徒手断脐时，可在贴近新生驹腹部3～4指的位置，紧握脐带，另一只手则朝向驹体方向轻轻捋动脐带几次，以促使脐带中的血液充分流入驹体内部。待脐动脉跳动完全停止后，在距离驹体腹壁约3指的位置将脐带掐断，然后对残留在驹体腹壁上的脐带剩余部分，用5%碘酒、0.1%高锰酸钾溶液等进行多次消毒。

第十七节　常见的外伤病

一、创伤

创伤，因受外力冲击导致机体组织的断离、收缩而引起活动受限或异常。

【病因】

驴属于胆小敏感的神经质动物，对外界应激反应强，常因争斗、滑（跌）倒，在打击、冲击等外力的作用下，驴体或深部器官易发生破坏，或组织形成缺损，或形成开放性挫伤。

【症状】

出血，是新鲜创伤的特征性表现。在创伤急救时应特别注意出血情况，如有超过全身血量40％的急性失血，会出现黏膜苍白、脉搏微弱、血压下降、四肢发凉、呼吸促迫等急性贫血症状，甚至出现休克而死亡。

疼痛，会导致肢体出现机能障碍。由于受伤部位的组织和神经结构受到损伤或因炎性渗出物的刺激而引起疼痛。疼痛的程度取决于受伤的部位、组织损伤的性状、神经的分布和个体的敏感度等。富于感觉神经分布的部位如蹄冠、外生殖器、骨膜等处发生的创伤，则疼痛剧烈。

根据创伤的性质和受感染程度，创伤愈合可分为一期愈合、二期愈合和痂皮下愈合。

一期愈合：这是最理想的一种愈合。这种愈合只有在创缘创壁紧密连接，组织具有生活力，创内无异物，无坏死组织及凝血块，以及无细菌感染时才有可能。愈合时间7～10 d，在创面形成平滑、狭窄的线状疤痕而痊愈。其特征是在创缘与创壁之间形成肉眼可见的中间组织，无明显的炎症反应，愈合后不出现功能障碍，在外形上不发生损征。

二期愈合：当有坏死组织、异物、血凝块、组织缺损严重并发生微生物感染时的愈合称为二期愈合。其特征是创伤发生明显的化脓过程和坏死组织的脱落，创腔逐渐被新生的肉芽组织填充并由周围新生上皮覆盖，最后形成疤痕。

痂皮下愈合：这种愈合方式仅见于皮肤浅表性损伤，如擦伤。它不是独立的创伤愈合形式，一般在创面有大量的纤维蛋白渗出，凝固后形成纤维蛋白块或痂皮覆盖创面。痂皮下无感染时取一期愈合形式，待新生上皮覆盖创面而愈合；痂皮下有感染时，则痂皮分离脱落，创面取二期愈合形式。

【预防控制】

原则：及时止血、严格清创、预防感染。

及时止血：对创伤的出血，可根据出血的部位、性质和程度，采取压迫、填塞、钳夹、结扎等方法，也可于创面上撒布止血粉，必要时可应用全身性止血剂。

创围及创面的清洗：先以灭菌纱布盖住创口，剪去创围背毛，用70％酒精棉球轻轻擦拭靠近创缘的皮肤，直到清洗干净为止，再用5％碘酊消毒。对远离创缘外围的皮肤，则用温肥皂水清洗干净。创围消毒完毕后，除去创口纱布，用镊子摘除创面上浅表的异物，以生理盐水或防腐消毒液反复冲洗创口。

创伤的外科处理：除去坏死组织、含有细菌的血块及异物，用外科器械扩大创口，使偶发创伤变为创面近似平滑的手术创伤。外科处理时，可用锋利的外科刀切除挫灭不整齐的皮肤创缘，如创口过小排液不畅时，应行扩大。用创钩开张创缘，除去较深部的坏死组织和异物，直至有鲜血流出时为止，其中坏死组织多为暗红色或污灰色，失去原有的光泽，缺乏收缩力，切割时不出血。如遇到创内有碎骨片应除去，但其未完全与骨干断离者应保留。神经及血管不应多行检查，如尚连接应保留。破坏的腱鞘任其开放，以免封闭时发生感染。

应用防腐剂：如果创伤初期的外科处理不能获得确实的效果，特别是对挫创、压创以及组织缺损面很大的创面不能进行彻底切除时，为了防止感染必须应用各种防腐剂。一般可应用氨苯磺胺结晶或与碘仿的混合剂，对创面进行撒布。为了加强疗效，要同时口服或注射抗生素类药物。

创口缝合：对创口进行缝合可以保护创伤防止继发性感染，促进止血，为组织的再生创造良好的条件。一般超过 2 cm 的伤口需要缝合，但创伤外科处理后能否缝合，应视创伤的部位、受伤的时间、污染程度、外科处理是否彻底等因素而决定。若创伤发生后 5 h 内即迅速进行初期外科处理，且创面清洁且无细菌感染的危险时，可进行初期缝合以闭锁创口。对有感染可能的创伤，要在创伤下角留一排液孔，并放入灭菌纱布条引流；对有厌氧性及腐败性感染可能的创伤，则不行缝合任其开放，待经 4～7 d，排除创伤感染的危险以后再行延期缝合；若创口太大而不能全缝合时，为减少创伤的裂开或弥补皮肤的缺损，也可仅在创伤的两端施以数个结节缝合，中央部任其开放，用凡士林纱布覆盖，待肉芽组织生长良好时，再行次期缝合。

创伤绷带：创口缝合后，为了使受伤组织保持安静，保护创伤免于发生继发性感染与继发性损伤，患部应装着无菌绷带，将缝合部完全覆盖，其上再覆以棉花垫，并用卷轴带、三角巾等将其固定。装着绷带后，如不发生任何并发症（发热及自发疼痛等）可放置 4～5 d，或在拆线之前不更换绷带。若有化脓可能应立即拆除缝线，扩开创口，排液引流，以后按化脓创治疗即可。

二、化脓创

化脓，由于感染的进行性发展，创伤组织发生充血、渗出、肿胀、疼痛和局部温度增高等急性炎症症状。

【病因】

外伤后因大量病原微生物的侵入，导致化脓性炎症的创伤。

【症状】

脓汁，受损伤的组织细胞发生坏死、液化分解形成。在创缘、创面、创腔内甚至创围被毛可见积有和黏有大量脓汁，这是化脓创的重要的临床特征。肉芽组织，随着急性炎症的消退至化脓后期，化脓症状逐渐减轻，毛细血管内皮细胞及成纤维细胞大量增殖形成。

【预防控制】

原则：控制感染，消除异物，炎性净化。保证脓汁排出畅通，促进创伤愈合。

常用药液为0.2%高锰酸钾溶液、3%过氧化氢溶液、0.1%新洁尔灭溶液、0.05%氯己定（洗必泰）溶液等，反复冲洗创围，如感染绿脓杆菌，使用2%～4%硼酸溶液或2%乳酸溶液效果更好。

当创腔深、创道长、创内有坏死组织或创底潴留渗出物时，可用纱布条将创内的炎性渗出物引出。当创伤炎性肿胀和炎性渗出物增加、体温升高、脉搏增数时是引流受阻的标志，应及时取出引流物作创内检查，更换引流物。引流物在创内是一种异物，长时间使用对组织有刺激作用，妨碍创伤愈合，当炎性渗出物很少时停止使用。

对急性化脓性炎症引起的组织水肿、坏死组织分解液化形成大量脓汁的创伤，应当使用具有抗菌、增强淋巴液外渗、降低渗透压、消除组织水肿作用的药物。高渗透剂由于高渗的作用，促使创液从组织深部排出于创面，能加速炎性净化。如用20%硫酸镁溶液、1%氯化钠溶液、10%水杨酸钠溶液等灌注、引流或湿敷。一般应用3～4次后，脓汁逐渐减少并出现新生肉芽组织。当创伤感染严重、创伤面积太大或伴有全身症状时，应采用抗生素疗法、磺胺疗法、碳酸氢钠疗法等。

三、骨折

【病因】

当遭遇外界强烈的暴力作用（如打击、跌倒、冲撞、挤压、牵引等）时，肌肉强烈收缩，发生骨折、骨裂，或因缺钙造成骨质疾病。见图7-1。

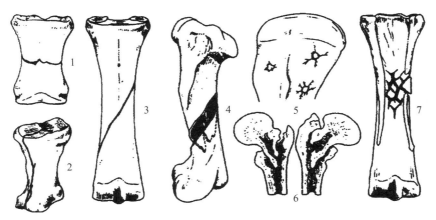

图7-1　全骨折

（引自：王洪斌《家畜外科学》，中国农业出版社，2002）

1. 横骨折；2. 纵骨折；3. 斜骨折；4. 螺旋骨折；5. 穿孔骨折；6. 嵌入骨折；7. 粉碎骨折

【症状】

发生骨折后有肢体变形、明显的疼痛、剧烈的肌肉震颤，骨裂时指压患部呈线状疼痛压区（骨折压痛线）。骨折后的典型特征是红、肿、热、痛、功能障碍。

出血和肿胀：由于血管被破坏而出血，骨折部位出现明显肿胀，一般在骨折后立即出现，12 h 后出现的肿胀为炎症浸润所致。

变形：完全骨折的特征，是由于肌肉收缩，骨折断端出现移位，如重叠、错开、嵌入、倾斜等；不完全骨折时，肢体不变形，仅患部出现肿胀，有异常活动和骨摩擦音；全骨折时，活动远心端可呈屈曲、旋转等异常活动，并可听到或感觉到骨断端的摩擦或撞击声。

开放性骨折时创口裂开，骨折断端外露，常合并感染。四肢骨折一般全身症状不明显，闭合性骨折 2～3 d 后，因组织破坏后分解产物和血肿的吸收，可引起轻度体温上升。如骨折部位继发细菌感染，则出现体温升高、疼痛加剧、食欲减退等全身症状。

【预防控制】

原则：制动复位、合理固定、促进愈合、恢复机能。

骨折发生后，首先应制动，防止断端活动，避免非开放性骨折转为开放性骨折，必要时可应用镇静或镇痛剂。在原地进行止血、消毒、固定等处理后，再进行正确复位，采取侧卧患肢在上的保定方式，在浅麻醉或局部麻醉后，施行牵引、屈伸、推拉等手法，使断端对接达到解剖复位或 2/3 复位，以利愈合，复位后可打夹板绷带或石膏绷带固定。开放性骨折时在创伤处理、消毒、撒布抗菌药物的基础上，再装置绷带夹板固定，视情况约 4 周后拆除，恢复机体相关功能。

四、关节疾病

【病因】

关节创伤：摔倒是主要原因，表现为关节部位的开放性损伤，一般是软组织损伤，多发生于腕关节。

关节扭伤：突然受到间接机械外力，瞬间过度伸展、屈曲或扭伤而发生关节损伤。

关节脱臼：在外力的作用下，关节两端发生移位，常发生部位是髋关节、膝关节和球关节。

【症状】

由于损伤的程度不同，出现不同程度的跛行，部位肿胀、疼痛明显，有的有出血症状。

【预防控制】

原则：制止出血、镇痛消炎、减少活动、恢复关节功能。根据临床症状对症治疗。

针对关节扭伤，中兽医疗法可外敷 431 散（大黄 4 g、雄黄 3 g、龙胆 1 g，共研末，蛋清调），重者须装石膏绷带。也可内服中药跛行散（当归、乳香、没药、土鳖、醋炙自然铜、地龙、大黄、血竭、胆南星各 25 g，红花、骨碎补、甘草各 20 g，共研末，黄酒 250 mL 为引，开水冲服），并选择相关穴位针灸治疗。慢性者可于患处涂擦松节油、碘樟脑醚合剂（碘 20 g、95%酒精 100 mL、乙醚 60 mL、樟脑 20 g、薄荷脑 3 g、蓖麻油 25 mL，混匀），每天 1 次，每次涂擦 5～10 min。关节脱臼整复后的静养期可用中兽医疗法辅助恢复，如内服中药当归红花散，当归、红花、杜仲、续断、牛膝、虎骨、秦艽、木瓜、桑寄生、土鳖各 30 g，川芎 12 g，乳香、没药各 18 g，共研末，开水冲服。

五、非开放性损伤

【病因】

由于钝性外力（撞击、挤压、跌倒等）而引起非开放性损伤。受伤的部位的皮肤或黏膜虽然保存完整，但已发生损伤或深部组织的损伤，常见有挫伤、血肿和淋巴液外渗。

【症状】

挫伤因受伤的深浅与受伤组织不同，有皮下组织挫伤、皮下深部组织挫伤、肌肉挫伤和神经挫伤等，其临床表现也不同，主要症状为局部肿胀、疼痛，有的部位被毛脱落或皮肤表层破损。

血肿受伤的部位迅速肿胀、增大，饱满有弹性，有明显的波动，4～5 d 的肿胀周围坚实，按压有捻发音，中央部有波动，有时感染化脓，可见局部淋巴结肿大和体温升高等全身症状。

淋巴液外渗在临床上发生缓慢，一般在外伤后 3～4 d 出现肿胀并逐渐增大，炎症反应轻微。触诊呈明显的波动感，皮肤不紧张，边界明显，穿刺液为橙黄色稍透明的液体或混有少量的血液，时间较久者可析出纤维素块，如囊壁有结缔组织增生，则呈明显的坚实感。

【预防控制】

原则：制止溢血、渗血和淋巴液外渗，排除积液，镇痛消炎，防治感染。

正确处理局部治疗和全身治疗的关系，抗休克，纠正水和电解质的失衡，促进炎性物质的吸收，加强饲养管理，促进组织的修复。

六、腱与腱鞘疾病

腱与腱鞘疾病是驴四肢常见的一种病，包括腱炎、腱鞘炎、腱断裂和屈腱挛缩等。

【病因】

因机械损伤（挫伤、刺创等），负重超过生理范围，肢势不正，削蹄不良，病原体感染导致周围组织炎症，寄生虫的侵袭，先天屈腱过短等原因导致。

【症状】

腱炎多发生在前肢，其中趾浅屈肌腱炎症可见全腱肿胀，趾深屈肌腱炎症可见籽骨上方肿胀，悬韧带炎症在球节两侧肿胀，呈现轻度或中度跛行。

腱鞘炎中屈腱的腱鞘比伸腱多发，按渗出物的性状可分为浆液性、浆液纤维素性、纤维素性及化脓性炎症。

腱断裂包括屈腱断裂和跟腱断裂，伸腱断裂较少发生，其中屈腱断裂又有悬韧带断裂、趾浅屈肌腱断裂和趾深屈肌腱断裂3种，呈现异常姿势，患肢功能障碍。

屈腱挛缩是因屈腱先天过短，同时伸肌虚弱造成的，后天性屈腱挛缩主要是因幼驹在发育期间完全舍饲、运动不足和营养不良等造成的。幼驹前肢比后肢多发，轻者站立困难，重者完全不能站立；成年驴以后肢发病较多，深屈腱挛缩发病率较高。

【预防控制】

原则：减少渗出、恢复功能、固定制动、防治感染。

可以使用电疗和离子透入等物理疗法，外部涂擦碘汞软膏，穿刺排脓，用普鲁卡因青霉素溶液、过氧化氢溶液、高锰酸钾溶液 [1∶（2 000～5 000）体积分数] 和防腐消毒液冲洗创腔，对于腱断裂进行断端缝合，对幼驹的屈腱挛缩采取绷带固定的方法，对成年驴屈腱挛缩进行深屈腱切断手术。

第十八节　运输应激

运输应激，是指驴在运输过程中机体受到各种不良因素刺激，引起应激性生理、病理演变的一种全身性综合征。

【病因】

运输过程中应激源是复杂多样的，运输中的拥挤、禁食、禁水、装卸、颠簸、加速度、酷热、严寒等都可以构成应激源，而这些应激源会根据其刺激强度组合，对不同性别、年龄、体重的动物产生生理、生化及分子水平上的影响。相较于其他大型动物，驴因天生特性，其运输应激症状更为明显。

【症状】

运输应激主要表现有免疫系统抑制、消化系统紊乱、体能消耗增加、呼吸道感染等。

免疫系统抑制：当处于应激状态时，身体会释放如皮质醇和去甲肾上腺素等系列应激激素，这些激素会抑制免疫系统的正常功能，包括降低白细胞数量和活性，减弱抗体产生能力以及抑制炎症反应等，使其更容易受到病原微生物的感染。

消化系统紊乱：应激反应导致胃肠持续性缺血，黏液分泌不足，引起肠道菌群紊乱，从而导致消化功能的紊乱。

体能消耗增加：应激反应使体能消耗增加，导致代谢产物的积聚，水电解质和酸碱平衡紊乱。

呼吸道感染：应激导致代谢和呼吸加快，给病原微生物提供了可乘之机，因此呼吸道和肺部容易受到感染，引发呼吸道疾病。

【预防控制】

原则：遵循科学合理的运输流程和"五好"立体防控策略，即"选好驴、健好体、用好车、过好渡、保好健"。

选好驴：选择符合健康、体格和适应力标准的动物，减少运输过程中的应激反应。

健好体：提供高质量的饲料和水源，保障动物在运输过程中的营养需求，同时在运输前进行预防性药物治疗，提高动物的免疫力和抵抗力，减少感染的风险。

用好车：对运输车辆进行合适的改装，确保通风良好、舒适安全，减少运输中的颠簸和挤压，提供更好的运输条件和环境。合理安排运输计划，选择适当的运输时间和路线，减少运输时间和距离。

过好渡：添加适当的饲料添加剂，维持消化系统的健康和功能稳定。

保好健：在饮水中适量添加多种维生素和电解质，而在运输前4h则应停止进食和饮水。

通过以上"五好"立体防控策略，可以全面减轻在运输过程中动物产生的应激反应，有助于提高运输效率和产品质量，保障运输动物的健康，促进养殖业的可持续发展。

第十九节 中毒性疾病

中毒性疾病，是指有毒物质进入畜体内后导致组织或器官损伤，甚至造成死亡。

【病因】

因误食有机磷农药、有机氯农药、砷化物、汞及汞化物、氟等，或因食盐过量、饲草料霉变、棉籽饼中毒、蛇毒等导致中毒，出现以神经和消化系统为主的症状，引起机体功能障碍。中毒性疾病的严重程度，取决于暴露的毒性物质的种类、剂量和暴露时间。

【症状】

有机氯农药中毒：表现为大脑皮质兴奋和抑制过程障碍，出现神经症状，特别是出现兴奋、惊厥、阵发性痉挛。

有机磷农药中毒：出现头晕、头痛、呕吐、腹泻等症状。

砷化物中毒：急性中毒多出现腹痛、恶心、呕吐、腹泻、头晕、头痛、呼吸困难等症状，慢性中毒表现为周围性神经炎、结膜炎、口腔炎等。

汞及汞化物中毒：可引起神经系统、消化系统及肾脏损害。

无机氟中毒：以生长缓慢，骨骼变脆、变形等为特征。

有机氟中毒：以易惊、不安、抽搐、角弓反张等为特征。

食盐中毒：包括食欲废绝、流涎、磨牙，多出现胃肠炎症状和神经症状，心脏衰弱，尿量减少。

棉籽饼中毒：出现肠胃炎和神经症状。

药物中毒：消化道症状，如呕吐、腹泻、恶心、食欲不振等；神经系统症状，如嗜睡、昏迷、抽搐、意识模糊等；其他系统症状，如心律失常、呼吸困难、瞳孔缩小或扩大等。

蛇毒中毒：可见咬伤部位极度肿胀、热、痛，并且不断蔓延，有的组织坏死、溃烂，伤口长期不愈合。有些种类的蛇毒为神经毒，主要影响乙酰胆碱的合成与释放并抑制呼吸中枢，表现为四肢麻痹、呼吸困难、血压下降、休克以至昏迷，终因呼吸麻痹和循环衰竭而死亡。

【预防控制】

原则：无论何种毒物中毒，首先应祛除病因。

针对不同的中毒类型，可采取病因疗法、对症疗法和全身疗法。病因疗法：通过洗胃催吐、下泻、利尿、放血等化学和物理的解毒法迅速祛除病因。对症疗法：按照各种不同的症状表现采取治疗方式，如狂躁不安时给以镇静剂，麻痹时给以兴奋剂，便秘时给导泻剂等。全身疗法：着眼于改善机体的全身状况，加强脏器的生理解毒机能，促使病驴及早恢复健康。

在驴饲养过程中贯彻预防为主的策略，应做好以下几方面工作：规范饲料的生产，力求做到品种多样化。合理地使用微量元素、维生素等添加剂，防止饲料单一和突变，尤其注意青绿饲料的储存和调制，预防饲料霉败。对已经霉败的饲料，不论数量多少，一定要进行脱毒、去毒处理或弃用。科学保管及合理施用农药。对于杀虫剂、除草剂和剧毒的药品一定要严格保管，谨慎使用。严格遵守有关规定，注意药物的用量和用法，对治疗量与中毒量很相近的药物使用要特别注意。积极开展对有毒动植物的辨认。要经常检查圈舍周围，一旦发现有毒或可疑的植物，都应及时剔除，以免发生意外。新引进的牧草可先进行喂饲试验或成分分析，证明无毒害后才能利用。凡有可能发生蜂蜇伤、蛇咬伤的地区，应注意防范。

第八章 驴场建设和生物安全

养殖场势必要向着规模化、现代化、科学化及生态化的方向发展，对于养殖场建设的规划布局、建筑要求，以及饲养管理、粪污无害化处理等生物安全环节的要求越来越严格。因此，对于驴养殖场的设计一定要使用全面系统的思维，以期提高养殖的经济效益、社会效益及生态效益。

第一节 驴场建设要求

一、场址与环境

建场用地：应符合当地村镇建设发展规划和土地利用发展规划的要求，建在地势高、平坦、干燥、土质坚实、排水良好、地下水位低的场所，场址地面坡度一般以 1%～3% 为宜，场区周围应当建有围墙等隔离设施，主要道路应当硬化。

场址：场址条件应符合《中华人民共和国畜牧法》中的相关规定，达到《动物防疫条件审查办法》的相关要求。场址环境应符合《畜禽场环境质量评价准则》（GB/T 19525.2）和《畜禽场环境质量及卫生控制规范》（NY/T 1167）的要求。环境绿化可参照《精准扶贫 驴产业项目运营管理规范》（GB/Z 38767）执行。

水质：应符合《无公害食品 畜禽饮用水水质》（NY 5027）的有关要求，水源应充足，备有储水设施和配套饮水设备。

二、布局与设施

粪便处理设施及排放：养殖场环境污染控制应符合《畜禽粪便无害化处理技术规范》（GB/T 36195）和《畜禽养殖业污染物排放标准》（GB 18596）的相关规定。

养殖场总体布局应符合《畜禽场场区设计技术规范》（NY/T 682）的技术规范，场内分设管理区、生产区和无害化处理区（包括粪污无害化处理区和病死畜无害化处理区）。其中，生产区应设置不同的功能区保障动物福利健康，其饲养密度根据生产需要、生长阶段、饲养场地实际情况及体型确定。

驴棚、驴床、圈门、饲槽、清粪通道、饲料通道等主要圈舍设施条件，温度、湿度、气流、光照、噪声等驴舍环境条件，场区设施配置、养殖场设备配置等设施设备条件可参照《精准扶贫　驴产业项目运营管理规范》（GB/Z 38767）。饲草原料库应与成品库分开，防止饲料霉变、潮湿和混入杂质。饲草库、饲料加工车间防火应符合《建筑设计防火规范》（GBJ 16）的规定。

驴舍可分为开放式、半开放式和封闭式，内部分为单列式和对头式。圈舍内向阳或向阴角度差不应超过 20°，房檐下加挂钢结构雨水分流槽，舍外有雨污分流设施。房顶采用双坡式或单坡式，钢架彩钢顶结构。墙体主体采用砖混结构或轻钢彩瓦结构，地面和墙面材质要耐酸碱腐蚀、不打滑、易清洗，舍内宽敞明亮，地面排水畅通。

三、配套设施要求

道路：与场外运输线路连接的主干道宽度 5 m 以上，通往驴舍、草料库（棚）及储粪池等的运输支干道宽度 3 m 以上。兽医室应有单独道路，不应与其他道路混用。尾对尾式道路中间为清粪通道，两边各有一条饲料通道；头对头式道路中间为饲料通道，两边各有一条清粪通道。

围墙：场区四周设围墙，各功能分区用绿化隔离带隔开。

供电设施：电力负荷为民用建筑供电等级二级，并自备发电机组。自备电源的供电容量不低于全场电力负荷的 1/40。

四、驴场信息化建设

为了给驴场内的驴群繁殖与成长提供良好的条件，需要对驴舍环境进行监控，如对舍内饮水、温度等进行人工智能控制，据此采取相应的措施保障驴健康成长。由于规模化驴场的面积相对较大，在建设信息化系统时，应确保系统硬件设备安装的便捷性和软件的实用性。

第二节　商品化育肥驴场建设

规模化育肥驴场，一般指养殖规模在 100 头以上，以饲养商品化育肥驴为主的养殖场。根据驴养殖场的功能分区要求，一般划分生活管理区、辅助生产区、生产区和隔离区，各区之间要严格分开，卫生防疫间距应在 100 m 以上。按功能分区布置各个建筑物的位置，为商品化育肥驴的生产提供一个良好的生产环境。

一、驴舍要求

驴舍按照商品驴的饲养规模一般分为单列式和双列式。驴舍具有保温、隔热性能，有良好的通风换气设施，使舍内空气保持清洁；有排污系统，便于驴群的调教和驴舍的清扫；有饮水设施并有在冬季能使饮水加温的设施；具有降温系统，使夏季驴舍内温度保持在适宜范围。

二、地面与水料槽

双列式驴舍内中间地面建 3.5～4.0 m 宽、0.4～0.5 m 高的通道，通道两侧预留 0.3～0.4 m 宽、0.15 m 深与地面平齐的弧形结构作为料槽；单列式驴舍一侧地面建 3～4 m 宽、0.4～0.5 m 高的通道，驴床侧预留 0.3～0.4 m 宽、0.15 m 深与内地面平齐的弧形结构作为料槽。独立料槽近驴侧高 50～60 cm，远驴侧高 70～80 cm，底面高出驴床 30～40 cm，底面呈弧形，料槽后设置栏杆。水槽置于驴舍一侧，冬季水槽应安装自动加温装置。地面设有清粪通道，宽 0.25～0.30 m、深 0.15～0.30 cm，沟底应有 3°～5°的倾斜。地面应不打滑、不积污水，使粪尿易于排出舍外，采用三合土材质铺设。有关参数建议如下：建筑面积按 3～4 m²/头的饲养密度设置，食槽占位宽度 0.8 m/头，单列式驴舍宽度 7～9 m，双列式驴舍宽度为 12～14 m，长度为 60～80 m，可根据场地实际情况适当调整，驴床宽度 3.0～3.5 m。

三、饲料库

饲料库储存应满足 1～2 个月的需要量，饲料卫生应符合《饲料卫生标准》（GB 13078）的要求。草棚储存应满足 3～6 个月的需要量，料草库应设防鼠、防鸟装置。

四、运动场

运动场为驴舍面积的 2.5 倍以上，按 50～100 头的规模用围栏分隔。地面采用三合土或砂质土，铺平、夯实，中央高，四周呈 15°坡度，围栏外挖明沟排水。在运动场边设饮水槽，加盖防雨罩。围栏高 1.4～1.5 m，距离地面 0.5 m 和 1.0 m 处各设置中间隔栏。

五、装卸驴台

装卸驴台宽 3 m、高 1.3 m、底长 5 m。坡面用石粉、石灰、土压实。

六、商品化育肥驴场建设

商品化育肥驴场建设可参考表8-1。

表8-1 商品化育肥驴场建设

项目	内容
圈舍	干草料棚：尺寸长20 m、宽6 m、高4 m，钢结构彩钢瓦顶，最高处5 m，相邻干草棚之间用铁丝网间隔开，10 cm厚C20商混，10 cm立柱，外侧全封闭彩钢瓦，大门为高3 m、宽3 m手动卷帘门
	宿舍：10 cm厚夹层，保温彩钢瓦5 m×10 m，间隔成两间，2个0.9 m普通门，普通窗户3个，尺寸1.2 m×0.9 m，地面铺3 cm厚水泥砂浆
	厕所：单层钢构结构，长4 m×宽3 m，男女共2个，中间隔开
配套设施	1. 圈舍内地面垫高0.4～0.5 m，宽4 m，两侧预留0.3～0.4 m宽的料槽位置
	2. 料槽外侧1.1 m高护栏1层，焊接在支撑棚架的立柱上，中间夹缝作为采食通道
	3. 对列式采食南北两侧驴床宽度3～3.5 m，连同中间4 m宽内地面，合计12～14 m跨度；用简易钢架彩钢顶结构，两侧高2.5 m，中间高3.5 m；南北两侧东西方向间隔5 m设置20 cm粗圆形立柱；立柱支撑钢管框架结构，H型钢200 mm×100 mm，间隔5 m
	4. 每栋驴舍驴床一侧或两侧分别设置饮水槽1.5 m
场区道路	主道路宽6 m，中间铺设5 m水泥路面，两侧各留0.5 m，下挖0.5 m找平，上覆水泥板，用作排水沟；两侧铺设3 m水泥路面，预留0.5 m排水沟（同上处理）；门口及草料库北侧以水泥路铺设
备注	电力供应配电室采用箱式配电室，本模式适用于新建养殖场或现有养殖场改造后规模化养殖

第三节 驴场生物安全管理

（一）消毒

消除或杀灭外环境中的病原微生物及其他有害微生物的过程称为消毒。根据防治传染病的作用及其持续的时间，可将消毒分为预防性消毒、临时消毒和终末消毒3种。预防性消毒与有无疫病无关，而临时消毒和终末消毒则是在发生传染病或疑似传染病时进行的，因此后2种消毒又称为疫区消毒。

（二）消毒方法

根据病原微生物的特性和消毒物体的特征，选择对人畜安全、对消毒对象无损害的消毒方法。防疫消毒时，要充分考虑影响消毒效果的各种因素，如环境、温度、湿度等。消毒操作时遵守先清洁再消毒的原则，当发生传染病时，应实施紧急消毒和终末消毒。

消毒剂要选择广谱、高效、杀菌作用强、作用持久的种类，应选择合规生产的消毒剂，消毒剂的使用应符合《中华人民共和国药典》（2020 年版）、《中华人民共和国兽药典》（2020 年版）的要求。针对相同的防疫消毒对象重复消毒时，应定期轮换消毒剂的种类，具体应用可见表 8-2。

表 8-2　常用消毒剂及应用范围

	应用范围	推荐种类
车辆	车辆及运输工具	酚类、戊二醛类、季铵盐类、复方含碘类（碘、磷酸、硫酸复合物）
养殖及饲料加工区	大门口、更衣室、脚踏池	氢氧化钠
	畜舍圈栏、木质结构、水泥表面、地面	氢氧化钠、酚类、戊二醛类
	笼具/饲料相关设备/输精器械	过硫酸氢钾、季铵盐类、复方含碘类（碘、磷酸、硫酸复合物）
	环境及空气消毒	过硫酸氢钾
	饮水消毒	季铵盐类、过硫酸氢钾、含氯类
办公/生活区人员/衣物	人员皮肤消毒	含碘类
	衣/帽/鞋/围裙等可能被污染的物品	过硫酸氢钾
	办公、饲养人员的宿舍、公共食堂等场所	过硫酸氢钾、含氯类
	隔离服/胶鞋、进出人员	过硫酸氢钾

（三）消毒管理制度

严格遵守消毒操作规程。进入养殖生产区时，双脚踏入消毒池（垫），经人员消毒通道进入。场区道路、排污沟、空地等每周应进行 1～2 次卫生清理并进行喷雾消毒。保持圈舍清洁、干燥，定期对舍内消毒，对动物全身梳理、清洗、消毒，预防体表寄生虫、皮肤病。应对预防性消毒、临时消毒和终末消毒，根据不同消毒对象、消毒范围、消毒方法，进行消毒效果评价。

建立健全养殖区各项防疫管理制度。主要包括岗位责任制度、卫生防疫制度、免疫制度、消毒制度、无害化处理制度、检疫报检制度、兽药等投入品使用管理制度等。所有记录应准确、完整，各相关场所使用的文件均为有效版本，所有记录由专人管理，分类归档，记录规范，保存期 2 年。

第九章 驴场兽医管理

从狭义上讲，兽医是进行动物诊疗工作的人员，兽医工作者的职责本质是为畜牧养殖业服务。随着国际贸易的全球化趋势日益明显，我国经济社会向新的时代迈进发展，我国养殖业在世界的位置越来越凸显，兽医的地位和作用发生了鲜明的变化。

新形势下，兽医的内涵已得到延伸。兽医已从过去诊断治疗动物疾病，发展到目前保护动物健康、保障食品安全、维护公共卫生、提高动物福利、保护环境安全等多方面的工作内容。

第一节 驴场兽医的分工及职责

一、兽医分类

按照兽医工作内容的不同，大致可以分为三个方向：执业兽医、官方兽医、兽医研究和技术支持。而驴场的兽医工作，一般指的是兽医技术支持。但是在实际工作中，高水平的驴场兽医还比较缺乏，应加强学习，并且与官方兽医、执业兽医和兽医研究者加强合作与交流，实现理论与指导的相结合。

（一）理论兽医

理论兽医，是养殖场疾病防控理念的设计者，防控体系的构建者以及防控措施的制定、指导实施和综合评估者，负责指导生产兽医的工作。理论兽医应兼具丰富的兽医理论和兽医临床经验，具备将临床知识上升到理论知识的能力，从而用来指导生产兽医。

理论兽医的主要工作职责：负责收集、分析国内外及本场周围的疾病流行、暴发情况，根据收集的数据制定本场疾病的监测方案，制定疾病的预警机制；负责制定养殖场年度防控任务；根据历年兽医治疗记录和治疗成功率，总结养殖场疾病防控的实际需求并进行研究；负责引入人工智能、信息化、大数据分析等技术，促进兽医治疗水平不断提升。

（二）生产兽医

生产兽医，是工作在养殖场一线的兽医人员，负责疾病诊断和治疗、病料采集、药物和疫苗使用，是疾病防控工作的执行者和操作者。

生产兽医主要工作职责：负责日常的圈舍巡视和疾病的治疗及数据的记录；负责药物和疫苗需求计划的提报、使用和记录；负责疾病监测和健康评估所需样品的采集；负责养殖场生物安全防控措施的执行；协助完成理论兽医安排的其他工作。

二、疫病防控基本要求

目前驴的养殖场性质主要分为繁育养殖场和育肥养殖场，疫病防控上要求对驴群进行定期检测，并根据本场的疾病发生情况制定本场的防疫计划。当发生国家规定的重大感染马属动物疫病时，要按照《中华人民共和国动物防疫法》《重大动物疫情应急条例》的规定，对疫区群体实施严格的隔离、封锁、消毒等处置，并及时上报有关部门。根据国家疫病监测要求，每年定期开展马鼻疽和马传染性贫血 2 种疫病的检测，同时，对于常见的人畜共患病，如布鲁氏杆菌病等也要进行抽检，从而避免动物群体和人员的感染。

三、兽医管理的制度化

规模化驴场兽医的相关工作绝不能仅仅停留在执行层面，兽医应参与涉及规模化驴场整体运行的相关决策中。作为规模化驴场，应该建立完善的兽医管理制度，包括诊疗记录、死淘记录、解剖记录、消毒记录、免疫记录、驱虫记录等养殖管理档案。通过总结、分析兽医工作记录，从数据中发现饲养管理存在的问题，为养殖场的管理提供建议。

四、兽医基础工作要求

圈舍巡视是兽医最主要的工作，也是其他一切工作的基础。日常的圈舍巡视可有效掌握驴群健康动态，第一时间发现和控制疫病，有助于寻找疾病根源、降低驴群发病率、提高治愈率。圈舍巡视包括整体性巡视和个体巡视 2 个方面。在做好圈舍巡视工作的同时，兽医还应做好生物安全防控措施。

（一）整体性巡视

主要通过观察群体的状态、圈舍状态、设施状态和饲草料采食情况来判断群体的健康情况。整体巡视可以从以下方面进行，观察当日饲喂的饲料是否变质，同时观察水槽是否洁净，有无苔藓和异物，水有无异味，圈舍围栏、地面是否有损坏等。整体巡视时还应该观察群体的体况情况，包括膘情、粪便、排尿等。整体膘情以中等偏上为宜，若群体出现过肥或过瘦的情况会直接影响群体的健康，应该及时调整饲喂配比，避免出现过度饲喂导致的浪费或饲喂不足导致的生产力下降等问题。

（二）个体巡视

对驴的生理情况进行观察，做到早发现、早隔离、早诊断、早治疗。粪便是驴群健康和营养状态较为直观的反应物。如健康驴的粪便应该表面光滑，落地后呈均匀散开的状态，若出现水样粪便、粪便有黏液等情况，兽医应该注意该群体的营养状况，找到患腹泻、结症的驴。如观察到驴群异嗜（吃粪、吃沙土）等情况，应考虑是否是驴群某些营养物质如微量元素和维生素的缺乏或机体代谢紊乱等异常所致。

（三）生物安全督导

做好生物安全防控措施，防止病原微生物侵入到驴场内部，保障驴群的安全健康。围绕疫病发生的三要素，即传染源、传播途径和易感动物，做好生物安全防控。消除传染源，从加强采购驴的检测入手，避免携带病原微生物的驴进入。切断传播途径，制定实施完善的卫生消毒管理制度，做好圈舍、物资、车辆、人员和器械等的消毒工作。保护好易感动物，对容易引起驴群发病的马流感病毒、马疱疹病毒、马流产沙门氏菌等病原进行监测，重视对寄生虫和某些疫病的防控，制定驱虫保健计划。

第二节　驴场兽医的自我发展

作为一线工作人员，很多人容易忽略学习饲养管理的重要性，认为一名兽医只要懂治病即可。规模化养殖是一个整体性的工作，任何环节出现纰漏或工作失误都会影响到整体的养殖效益。兽医应该重视自己业务技能和管理能力的培养和提升，增强自己各方面的能力，这样在工作中可以做到事半功倍。

过去驴作为役畜被粗放饲养，但是随着时代的变迁，驴作为特色经济畜种开始被规模化养殖，简单的农作物秸秆已经不能满足驴的营养需要，如何科学喂养、提高养殖效益并切实保障驴场生物安全值得不断研究。

一、饲草料的分类

营养物质又叫养分，具有维持动物生命的作用，存在于饲料之中。饲料的营养物质可概括为水、蛋白质、糖、矿物质、脂肪、维生素六大类。基于饲草料的营养特性，结合目前养殖场的生产实际，可以将驴的饲草料体系划分为粗饲料、青绿饲料、青贮饲料、能量饲料、蛋白质饲料、矿物质补充饲料、维生素补充饲料以及添加剂等 8 个主要类别。

（一）粗饲料

粗饲料是指富含粗纤维（含量通常在 25％～30％），干物质超过 18％，同时单位重量净能较低的一类饲料。粗饲料与草食动物的消化器官相适应，能保证消化器官正常蠕动和机体的营养需求。饲料营养成分表上用"粗纤维"表示纤维素和木质素含量，用"碳水化合物"或"无氮浸出物"表示饲料中碳水化合物的含量。针对粗饲料，可通过氨化、碱化等方式改善其消化率。

市场常见的粗饲料有牧草、秸秆、秕壳等。粗饲料中蛋白质含量随饲料品种、调制方法的不同而有很大的差异，其中豆科植物制成的干草粗蛋白质含量为 10％～19％，禾本科干草则为 6％～10％，秸秆和秕壳其粗蛋白质含量仅在 3％～5％。粗饲料富含钙质、维生素 D 等，但磷含量偏低，其他维生素含量较少。

1. 牧草

根据植物学分类，牧草可分为禾本科、豆科、菊科、莎草科、藜科和十字花科等。目前人工栽培的牧草主要是以甜高粱、黑麦草、燕麦草等为代表的禾本科植物和以紫花苜蓿、三叶草、红豆草、桂花草等为代表的豆科植物。其中，紫花苜蓿为代表的豆科植物比禾本科植物提供更多的能量，有更高的蛋白质和矿物质含量，特别是钙。当牧草生长到一定的高度或成熟度，刈割后可以鲜饲、调制干草和青贮等，注意如果水分含量大于 15％，在干草储存过程中可能会发霉。

2. 秸秆类

农作物收获籽实后的茎秆、叶片等统称为秸秆，主要包括稻草、玉米秸秆、麦秸秆、豆秸秆、高粱秸秆及谷草等。秸秆的营养价值因其品种差异和生长阶段的不同而有所变化。通过对豆科作物的秸秆品质进行评价，其品质排序为花生秸秆最优，其次为豌豆秸秆、大豆秸秆，再者是高粱秸秆、荞麦秸秆、谷物秸秆、稻草以及小麦秸秆。秸秆类饲料还包括蔬菜类的副产品，如甘薯，马铃薯，各种瓜类，藤本植物以及胡萝卜的藤、蔓、缨等。秸秆的蛋白质含量一般都很低，其中豆科秸秆稍高，为 8.9％～9.6％，而禾本科只有 4.2％～6.3％，这两类秸秆的干物质中粗纤维占 31％～45％。驴不太爱吃单纯以秸秆为主的粗饲料，应通过改变粗饲料形状、加喂饼粕类蛋白质饲料等方式刺激胃肠道活动，提高适口性，从而增加采食量。

3. 秕壳类

秕壳类是指在农作物种子去壳过程中产生的剩余部分，包括但不限于谷壳、高粱壳、花生壳、豆荚、棉籽壳、瘪谷等脱壳废弃物。通常情况下，荚壳所蕴含的营养价值相较于秸秆高。以豆科植物的荚果大豆荚为例，内含有 12%～15% 的无氮浸出物，33%～40% 的粗纤维以及 5%～10% 的粗蛋白，这样的营养构成赋予了其良好的饲养价值，特别适合用于驴的喂养。谷物的外壳，其营养价值紧随豆荚之后，产量大、来源广泛。像棉籽壳和玉米芯这类物料，经过适当的破碎处理，可与其他类型的粗饲料混合使用。

（二）青绿饲料

青绿饲料是一种水分含量至少达到 60% 的鲜嫩多汁植物性饲料品种，其来源多样且分布广泛，涵盖了多种牧草、叶菜、农作物的新鲜茎叶以及水生动植物。不同种类的青绿饲料，均含有丰富的蛋白质、维生素和矿物质，但钙和磷的含量差异颇大。总体而言，钙含量为 0.2%～2.0%，磷含量为 0.2%～0.5%，其中豆科植物的钙含量相对较高。青绿饲料的无氮浸出物含量较高，而粗纤维含量较少，这使得它们易于消化。以青草为例，其粗纤维在干物质中的比例约为 30%，而无氮浸出物的含量占了 40%～50%。

（三）青贮饲料

青贮饲料是一种将新鲜的青绿植物性饲料原料（青绿玉米秸秆、各类青草），在密闭的青贮设施如青贮窖（池）中进行发酵处理而得到的饲料产品。青贮饲料具备以下显著优势：饲料质地鲜嫩，带有独特的酸香口感，易于消化吸收，消化利用率也显著提高。有效保存植物营养，可减少常规晾晒方式下青绿饲料所产生的 30%～50% 的养分流失（通常可下降约 10%），尤其对于易氧化的胡萝卜素等成分，其保存效果尤为突出。青贮过程能够有效杀灭饲料中的虫卵和病菌，降低疾病传播风险。但是单一的青贮饲料水分含量高，干物质满足不了驴的需要，同时由于驴是单胃动物，要注意青贮饲料饲喂量，防止胃肠道紊乱和酸中毒。对于驴的饲喂可添加青贮饲料，建议添加量为 30%～40%（按重量计），使用过程中添加 1% 小苏打调节酸碱。

（四）能量饲料

能量饲料是指每千克饲料干物质中含消化能在 10.45 MJ 以上、粗纤维低于 18%、蛋白质低于 20% 的饲料。此类饲料主要来源于以玉米、高粱、大麦、燕麦、稻谷为代表的禾本科谷物，麸皮和稻糠以及其他糠麸等相关加工副产品，甘薯、马铃薯、木薯等块根、块茎饲料。肉驴增膘所形成的脂肪，不是直接来自饲料中的脂肪，而是由日粮中的碳水化合物转化而来。肉驴育肥中常用的玉米等饲料均属于高能量饲料，其作用是增加进食饲料的能量，使之转化为脂肪，若能结合环境条件，减少肉驴个体能量的消耗，就可以为强化育肥创造有利条件。注意对妊娠后期和哺乳期母驴能量饲料的补充。

（五）蛋白质饲料

蛋白质饲料指干物质中粗纤维含量在 18％ 以下，粗蛋白质含量在 20％ 以上的一类饲料，主要包括植物性蛋白质饲料、动物性蛋白质饲料、单细胞蛋白质饲料等。蛋白质是饲料营养成分中最重要的一种，是家畜维持生命和生产所必需的营养物质，肌肉、内脏、奶等主要是由蛋白质构成的，驴身体的 1/5 构成来自蛋白质。在饲养肉驴时，其日增重部分大多来自肌肉的生长，而肌肉的形成主要靠蛋白质，因此需要进食足够数量的蛋白质饲料。同时，如果蛋白质不足还会影响到驴的正常繁殖，导致公驴精子数量下降、品质降低，母驴发情及性周期异常、不易受孕，胎儿发育不良，产生死胎、弱胎等。

植物性蛋白质饲料主要包括籽实类、饼粕类及其他加工副产品。

1. 籽实类

豆类籽实蛋白质含量为 20％～40％，品质好，赖氨酸含量较禾本科籽实高 4～6 倍，蛋氨酸高 1 倍。

2. 饼粕类

大豆饼粕，粗蛋白质含量为 38％～47％，品质较好，尤其赖氨酸含量是饼粕类饲料中最高的。棉籽饼粕，由于棉籽脱壳程度及制油方法不同，营养价值差异很大。完全脱壳的棉仁制成的棉仁饼粕粗蛋白质含量为 40％～44％；由不脱壳的棉籽直接榨油生产出的棉籽饼粕粗纤维含量为 16％～20％，粗蛋白质含量仅为 20％～30％；带有一部分棉籽壳的棉仁（籽）饼粕粗蛋白质含量为 34％～36％。

3. 花生饼粕

饲用价值随含壳量的多少而有差异，脱壳后制油的花生饼粕营养价值较高，仅次于豆粕，粗蛋白质含量为 44％～48％。

4. 菜籽饼粕

饲用适口性较差，粗蛋白质含量在 34％～38％，注意菜籽饼粕中含有硫代葡萄糖苷、芥酸等毒素，日粮应控制在 20％ 以下。

5. 粮食深加工副产品

由于加工方法及工艺的不同，蛋白质的含量差异很大，一般在 25％～60％。例如，医药工业生产的玉米蛋白粉含蛋白质高达 60％ 以上，是具有高蛋白质的饲料原料，配制成饲料后饲粮脂肪含量高，有利于减少氨基酸氧化，还能抑制葡萄糖和其他前体物质转化为脂肪，在高温条件下，有利于能量摄入，降低体热消耗，减缓热应激。

（六）矿物质补充饲料

矿物质是一类无机的营养物质，它所占体重的比例很小，但却是生命活动的必需物质，几乎参与机体内所有的生理过程。根据体内含量的多少，将矿物质分为常量元素和微量元素两大类，其中常量元素有钙、磷、钾、钠、氯、镁和硫，占驴体矿物质总量的99.95％。微量元素是指占驴体重0.01％以下的元素，主要有铁、锌、铜、锰、钴、碘、钼、硒和铬等，这些元素占驴体矿物质总量的0.05％。

矿物质饲料指提供盐、钙源（石粉和贝壳粉）、磷源（磷酸钙）的饲料。例如，工业合成的或天然的单一矿物质饲料，多种矿物质混合的矿物质饲料，以及加有载体或稀释剂的矿物质添加剂预混料。驴的矿物质需要包括常量矿物质（％）和微量矿物质（mg/kg），单一矿物质数量固然重要，相互之间的比例（平衡性）有时更重要。参考David Frape编著的《马营养与饲养管理》（第4版），设定如下每日需要量。

1. 钠和氯

食盐喂量可参考日草料干物质的0.25％、精料干物质的0.5％～1.0％，饮用水的盐分含量应控制在0.75％～1.0％。

2. 钴

饲草料干物质中的钴含量为0.15 mgkg即可满足需要。

3. 铜

饲草料干物质中的铜含量为8 mg/kg即可满足需要。泌乳期在维持基础上增加20％～30％。

4. 铁

饲草料干物质中的铁含量为64 mg/kg即可满足需要。

5. 锰

饲草料干物质中的锰含量为40 mg/kg即可满足需要。

6. 硒

饲草料干物质中的硒含量为0.16 mg/kg即可满足需要。

7. 锌

饲草料干物质的中锌含量为40 mg/kg即可满足需要。

（七）维生素补充饲料

维生素是调节动物生长、生产、繁殖和保证动物健康所必需的有机物质，它是一类微量营养元素，主要作用是调节生理功能、保持动物健康和预防疾病。维生素饲料指人工合成、提纯的单一维生素或复合维生素补充饲料，但不包括某项维生素含量较多的天然饲料。参考David Frape编著的《马营养与饲养管理》（第4版），设定如下每日需要量。

1. 维生素 A

设定需要量为 30 IU/kg，育肥驴为 45 IU/kg，繁殖母驴为 60 IU/kg。

2. 维生素 D

放牧或有足够时间在室外活动的动物不会缺乏维生素 D，但在全舍饲或暴露于阳光的时间有限时，需要补充维生素 D。除了育肥驴外，设定标准是 6.6 IU/kg，年龄越小标准越高，0～6 月龄时为 22.2 IU/kg。

3. 维生素 E

设定需要量为 1 IU/kg，生长期和泌乳期需要量为 2 IU/kg。

4. 维生素 B_1

设定需要量为 3 mg/kg。

5. 维生素 B_2

设定需要量为 2 mg/kg。

维生素 K、维生素 B_6、维生素 B_{12}、维生素 C、烟酸、泛酸、叶酸、生物素、胆碱等维生素的需要量尚未确定，对于以优质粗饲料为主的健康驴而言，应该不会缺乏。

（八）添加剂

指各种用于强化饲养效果，有利于配合饲料生产和储存的非营养性添加剂原料及其配制产品，主要包括各种抗氧化剂、防霉剂、黏结剂、着色剂、增味剂以及保健与代谢调节药物等。

二、驴群喂养的原则

依据不同的生产目标，科学调配精饲料的比例（精饲料主要包括能量饲料和蛋白质饲料），利用好地源性饲料。针对不同生长阶段的驴只，保持均衡日粮，强化营养，补充电解质、维生素。做到四定：定人饲养、定时喂养、定草料、定槽位。四净：草净、料净、水净、盐净。

（一）分类饲养管理

依据驴的用途、性别、年龄、体重、性格及饮食习惯，实施个性化分栏饲养。依据驴的用途、性别、老幼、体重、个性、采食快慢等，实施分槽定位饲养。依据驴群的情况给出具体的饲喂方案，如饲喂对象、饲喂时间、次数、饲喂量等，实施精准饲喂。例如，针对育肥驴应采取富含精饲料的日粮方案，针对繁殖母驴在妊娠后期必须强化补饲管理，以保障胎儿在后期能够正常发育成长。分群饲喂的日粮组成见表 9－1。

表9-1 分群饲喂的日粮组成

分群	驴体重 (kg)	粗饲料占比 (%)	精料占比 (%)	平均采食量 (kg)	精料采食量 (kg)	粗饲料采食量 (kg)
妊娠后期 (妊娠8个月后)	225~275	65~75	25~35	5.0	1.5	3.5
泌乳前期 (产后0~3个月)	200~250	45~55	45~55	5.6	2.8	2.8
泌乳后期 (产后4~6个月)	200~225	60~70	30~40	5.3	3.3	2.0
幼驹补料 (1~6月龄)	40~100	15~25	75~85	1.1	0.8	0.2
断奶驴 (6~8月龄)	100~120	30~35	65~70	2.8	2.0	0.8
生长前期 (8~12月龄)	120~175	45~55	45~55	4.4	2.2	2.2
生长后期 (12~16月龄)	175~230	50~60	45~50	5.5	2.5	3.0
育肥期 (16~20月龄)	200~300	20~30	70~80	6.0	2.0	4.0
种公驴 (非配种期)	300~350	70~80	20~30	9.7	3.2	6.5
种公驴 (配种期)	300~350	65~75	25~35	10.0	3.5	6.5

一头150 kg体重的驴可消化能的需求量约为20 MJ/d，200 kg体重的驴可消化能的需求量约为27 MJ/d，妊娠母驴消化的能量供应应在维持水平上增加10%以上，哺乳期头3个月甚至要多消耗120%的能量，饲喂时应与实际饲料需要量联系起来。The Donkey Sanctuary近年来研究显示，饲喂秸秆和干草的驴干物质摄入量占活体体重的1.3%~1.7%，其他已经发表的研究报告显示，在给予不同种类饲料的情况下，干物质的摄入量在0.9%~2.5%，当给驴饲喂切碎的苜蓿时可获得干物质摄入量的较高值。因此，一头驴1天的干物质采食量合理的假设应该是活重的1.5%。

1. 种公驴的日粮蛋白管理

一般认为种公驴所需能量比维持需要高20%，非配种期种公驴的精料应占日粮的40%~50%，蛋白质保持在10%左右，高质量的牧草应占日粮的主要部分，增加易消化的碳水化合物丰富的饲料，注意矿物质、维生素的补充。配种期（配种前2~3周）

的精料应占日粮的 50%～70%，蛋白质保持在 15% 左右，在配种结束后的恢复期，可以减少 1/3～1/2 的量。

2. 繁殖母驴的日粮蛋白管理

为有利于发情、配种和受胎，要保持空怀母驴中等膘度。妊娠早期日粮蛋白质在 10% 左右，妊娠前 6 个月给予高质量的干草，妊娠后期是胚胎快速增长期（胎儿体重的 60%～65% 在最后 3 个月形成），日粮蛋白质则要适当增加，一般建议妊娠期日粮蛋白质水平在 12% 左右，哺乳头 3 个月一般建议日粮蛋白质水平在 13% 左右。

假定精料占日粮的 30%，饲草占日粮的 70%，精料提供的蛋白质为 15%，那么饲草在妊娠期应至少提供的蛋白质要求：30% 精料×15% 蛋白质＋70% 饲草×11% 蛋白质＝12.2% 的蛋白质。

3. 幼驹（2 岁以内）的日粮蛋白管理

对断乳驹和 2 岁以内的青年驴日粮中含蛋白质的量要保证在 13% 以上，精料中可以加 5%～10% 的脂肪，对公驴驹还要增加 15%～20% 的精料。

（二）科学调控饲喂顺序

农谚有"首草次料，最终水饱"，即每次喂食先草后料，并优先给予干草，随后提供湿润拌水草料。遵循"薄草薄料，牲畜更壮"，可分批次少量多次投喂，每日饲喂需定时定量，特别注意夜间的喂养策略：前半夜主要提供草料，后半夜适量添加精饲料。因冬季天气寒冷且夜晚较长，建议增补夜间饲料，确保每日早、中、晚及夜间共有 4 次喂食；春夏季则增加至 5 次，秋季天气转凉，可调整为每日 3 次。

平均日增重是考察动物生长发育性能的重要指标之一。作者课题组试验结果表明，先精后粗组平均日增重极显著高于先粗后精组和全混合日粮组，屠宰率和净肉率均以先精后粗组最高，这一结果与牛羊等反刍动物不同，需要驴养殖企业重点关注。适时出栏、屠宰，可以提高饲养经济效益，提高屠宰率和肉的品质。根据育肥驴的采食量、肥育度和外貌体型可以判断育肥结束的时间，具体参考如下：增重下降，绝对日采食量随育肥期体重增加而下降，当为正常量的 1/3 或更少时可结束育肥；当日采食量（以干物质计）为体重的 1.5% 或更少时可结束育肥；体重/体高＝526（肥育度）时可结束育肥；从脂肪沉积的部位看膘情、厚实、均衡、形体丰满时可结束育肥。

（三）丰富饲料种类

饲料要多样化，做到营养全面。农谚有"花草花料，牲口上膘"，就是讲营养的互补作用。多元化的饲料组合有助于提升免疫力和促进肥育，但饲料变化需循序渐进，以防消化系统紊乱导致腹痛或便秘等问题。

确保饮水充足而且温和。理想的状况是让驴随时可以自由饮温水，满足其自然的饮水需求，尤其注意在喂食期间和饱餐之后不宜立即大量饮水。农谚有"草养体，料添力，水活精神"，虽水分对驴的精神状态至关重要，但应避免急速大量饮水。冬季水温大于 8 ℃为好。切忌"热饮""暴饮""急饮"，避免"热饮炸肺"而引起疝痛或流产，故有"饮马三提缰"之说。

三、驴群环境与管护

应保持厩舍内干燥，适宜的湿度为 50%～70%，适宜的温度为 3～20 ℃，通风换气条件要良好，做好驴的身体刷拭，注意加强蹄的护理工作，修蹄角度一般前蹄为 50°～55°，后蹄为 55°～60°，修蹄时也要将肉蹄进行修正，使其高度低于蹄壳部，修蹄后要求蹄部负重的部位是蹄壳部（蹄白线外）。怀孕母驴修蹄应选在妊娠前期或空怀期进行，妊娠后期（产前 1 月）和产后初期（产后 1 月）不宜进行修蹄。种公驴和肉驴每 2～3 个月修 1 次蹄。3 个月以上的驴驹，需及时修正歪蹄和裂蹄，每 2 个月应检查 1 次。完全硬化的运动场和驴舍会明显增加蹄和关节的负重，造成非炎性损伤。

四、提高繁殖性能的策略

提升驴繁殖力是养驴业高效发展的关键，优化饲养条件、精准发情控制、及时妊娠诊断、减少流产风险，可有效提高繁殖效率和经济效益，实现驴养殖效益翻倍。

（一）维持高产母驴比例，确保整个驴群的高效生产和遗传质量

在母驴群体管理中，建议高产母驴占比达到 60%甚至 70%以上，后备母驴占比较为适中，维持在 20%～30%。针对低产母驴、长时间未能发情或多次配种未孕的母驴，经过治疗若不见成效，应及时考虑淘汰。对于已生育 7～10 胎以上的老龄母驴，其去留应依据其当前的实际生产表现合理评估决定。

此外，产后表现出不良母性行为或乳汁分泌不足的母驴，经调整或治疗后如无明显改善，也应纳入淘汰考虑范畴。

（二）保持合理膘情，把握最佳发情配种时机

驴属于季节性多次发情的动物种类，其发情活动通常自 3 月启动，4—6 月达到高峰。进入夏季后，发情强度有所减缓，并能持续至深秋，随后在冬季进入不活跃阶段。母驴的发情周期存在较大变异性，一般为 21～22 d，但特殊情况下可缩短至 10 d 或延长至 33 d。发情开始直至排卵的这一时段被定义为发情持续期，其间母驴展现发情状态可达 3～14 d，多数情况下维持 5～8 d，最佳配种时机位于排卵前的 1～36 h。

一般而言，母驴适宜的初配年龄通常在 2.5～3 岁，开始配种时的体重建议为成年体重的约 70%。过胖、过瘦或微量元素缺乏均可能影响正常的发情周期与配种成功率。因

此，制定日粮时需科学搭配，囊括丰富的草料种类、均衡的营养添加剂，强化维生素 A、维生素 E 以及硒等关键微量元素的补充，以此刺激其生殖系统的活性。母驴配种不宜过早，需要等待母驴达到体成熟与性成熟的同步状态，若母驴机体未充分成熟，可能面临骨盆狭窄的问题，从而增加分娩的难度。

为判断母驴的发情状态和确定适宜的配种时间，可采取以下方法：首先，通过日常观察，如发现母驴食欲减退、频繁咂嘴及生殖部位呈现红肿并伴有黏液分泌，这通常是发情的信号；当母驴变得平静，且生殖部位分泌物转稠变浑时，即为适宜的配种时机。其次，利用公驴试情法，将公驴引入母驴群中，公驴会对处于发情期的母驴表现出停留与接近的意图，若母驴接受公驴的接触乃至跨骑，则表明正处于发情状态，适合配种。直肠和 B 超检查是较为直接的方法。确定发情后 3 d 进行本交配种一次，为确保受孕可以隔一天再配一次，最多 3 次。另外，多数母驴在产后 8～16 d 会经历一次无明显征兆的排卵过程，这一时期进行配种，在养驴行业中常被称为"配血驹"或"配热驹"，此做法不仅能显著提升受胎率，还能有效缩短母驴的繁殖周期，行内普遍建议在母驴产后的 15 d 窗口期内实施配种，在配血驹后 12 d 进行 B 超妊娠检查或在 30 d 进行直肠妊娠检查。

（三）加强种公驴的选育，提高种公驴的生产性能

遗传因素在驴的繁殖中起着关键作用，在筛选种公驴时，务必重视其繁殖能力和相关特性，诸如睾丸健康状况、精液质量，以及既往的繁殖成效与历史记录，这些都是决定种用价值的重要评估指标。在选择种公驴时，优先考虑体型健壮、皮毛厚实的德州驴，关中驴、晋南驴等品种也是培育商品驴的优良选择。

此外，要建立定期检测种公驴精液品质的机制，及时剔除精子密度低和活力不足的个体，维持种群的繁殖效率与遗传优势。在配种方式上，自然交配情况下，每头种公驴能够匹配 30～50 头母驴，采用人工授精技术，则其配种能力可大幅提高至 200～500 头母驴。因此，具备条件的养驴场应积极采纳人工授精技术，最大化利用优质种公驴的遗传潜力，提升养殖效益。

五、提升驴驹成活率的措施

如何提升驴驹成活率是一个产业瓶颈难题，涉及配种、妊娠驴围产期管理、驴驹接产规范性操作、大群母子驴饲养管理以及疫病防控等诸多环节。

一般认为，圈养条件下孕期运动不足，环境条件差，以及围产期管理不当，均可导致围产期母驴产生应激反应引发流产。妊娠后期母驴缺乏维生素和矿物质，如钙、磷、维生素 A 和维生素 E，可能导致初乳质量低下，驴驹不能获得足够的抗体和营养，影响其健康状况。圈舍通风不良导致空气湿度过高，细菌、病毒容易滋生，有增加母驴和新生驴驹感染沙门氏菌、红球菌、轮状病毒或疱疹病毒的风险。圈舍不洁，粪便、尿液等未及时清理，容易引发细菌感染性疾病，如蹄叶炎或肠胃炎。分娩后脐带消毒不严、外伤、出生后 36 h 内未能及时吃到初乳，也会显著降低驴驹的存活率。

驴驹腹泻问题在早期的驴养殖中是一个相对常见且严重的问题，出生后 1～2 个月的驴驹免疫系统尚未发育完全，可能在数天内因脱水和微循环障碍而引起休克死亡。驴驹早期主要依靠母乳喂养，如果母驴乳汁不足或质量差，驴驹容易营养不良，这会削弱其免疫力，增加腹泻的风险。驴驹的消化系统较为脆弱，如果过早断奶或驴驹采食不洁草料、污水，可能会导致消化不良，进而引发腹泻。

大肠杆菌、沙门氏菌等细菌感染是引发驴驹腹泻的常见病因。这些细菌通常通过不卫生的饮水、饲料或环境进入驴驹体内，导致肠道炎症和腹泻。轮状病毒、冠状病毒等病毒也会侵害驴驹的肠道，引发严重的腹泻。这类病毒通常通过接触被感染的驴或污染的物体传播。线虫等寄生虫感染也会破坏驴驹的肠壁，导致消化功能障碍，引发驴驹腹泻。

温度的急剧变化或恶劣的天气（如寒冷、潮湿）可能导致驴驹的应激反应，削弱其免疫力，进而诱发腹泻。另外，饲养密度过大、通风不良等环境因素会增加病原体的传播速度。断奶期驴驹也容易出现消化系统紊乱，腹泻就是其中常见的表现之一。驴驹在长时间运输、环境转变时，也可能产生应激反应，导致腹泻发生。

在临床中，兽医应注意综合分析，根据不同病因，提出针对性治疗方案。

产后母驴及其驴驹的护理对确保母驴健康恢复和驴驹健康成长至关重要，主要通过以下措施：

（1）母驴的护理措施

产后应清理母驴的阴部、尾及后躯，尤其要清除胎衣和血液等残留物，防止感染。检查母驴是否有胎衣滞留、产道损伤等异常情况。如果胎衣滞留超过 6 h，可能需要医疗干预。

母驴分娩后的头几天，可为母驴准备 5 L 温水，水中添加麸皮、葡萄糖和盐，进行喂饮，促进母驴体能恢复。产后母驴应在 24 h 内注射破伤风抗毒素和氯前列烯醇。注意母驴乳房护理，母驴出生后用温湿毛巾清洁乳房，动作要轻，挤掉第一滴奶，并用碘伏消毒乳头。

（2）新生驴驹的饲养管理措施

出生后，迅速清理驴驹的鼻孔和口腔，确保其呼吸通畅。如果有胎衣覆盖在驴驹身上，应及时清除。确保驴驹在温暖干燥的环境中，必要时可使用毛毯或加热灯来保持体温。在大群中出生的驴驹，出生 3～5 d 后可转至独立母子舍，并做好转舍记录。转舍前可进行打皮下芯片和耳标的操作，耳标和耳钉要提前放到碘伏内进行消毒。如发现弱驹、病驹、病母驴，应转到单栏，进行护理。

驴驹应在出生后的 2 h 内吸食到初乳，若驴驹无法自己吸乳，需人工辅助。观察母驴是否有足够的乳汁，如果母驴乳汁不足或驴驹无法正常哺乳，可以使用代乳粉或补充饲喂初乳。可适当收集保存初乳，用于无法获得初乳的驴驹，初乳在 4 ℃的冰箱中可以保存 48 h，不过在短期内应尽快使用。初乳可以在 -20～-18 ℃的冷冻条件下保存 1～2 个月。初乳解冻不要超过 60 ℃。一般解冻后 20 min 内应饲喂完，避免细菌繁殖过多。

初产母驴可能会发生拒绝哺乳的现象，可固定在保定栏内，然后让驴驹开始哺乳，使母驴逐渐适应；若母驴在保定栏内继续拒绝哺乳，此时可以用"鼻捻子"保定母驴或用绳将其一条前腿提起，使其习惯哺乳。若母驴仍拒绝哺乳，应将驴驹和母驴分开饲养，选择其他母驴代养或是人工喂养。

（3）驴驹疾病防控措施

观察新生驴驹的胎粪是否排出。若驴驹没有及时排出胎粪，兽医应及时处理，可以直肠灌注肥皂水润滑肠道（或者产后直接于直肠末端打入 1 支开塞露），协助其排出胎粪。用碘酒或其他消毒液对驴驹的脐带残端进行消毒，防止感染。每日检查脐带情况，确保其干燥、愈合。

驴驹在出生后 1 周左右进行诱食，可设置驴驹岛。圈舍消毒是预防驴驹腹泻、呼吸道疾病最有效的方式。驴驹产后第 2 天开始，饲养员应对产房进行消毒，2 天 1 次。消毒时应交替使用不同消毒剂，避免细菌耐药性的出现。消毒方式一般选择喷洒消毒。做好驴驹防寒工作，有条件的养殖场可设置单独的暖房，并采用地暖、红外线灯和小棉夹等。

六、选驴的方法

（一）按需求选驴

依据不同的需求群体，可细分为三大类：屠宰用途、育肥需要和繁殖需求。

对于屠宰用选购适宜屠宰并能产出高质量肉品的驴时，优先选择后臀部饱满且身体修长的驴，其整体体型应呈现出优美的比例，即要求驴体结构均匀协调。特别留意后臀丰满、身型细长及骨骼较小的驴只，这类驴往往具有较高的屠宰出肉率。通过触摸评估肉质，理想的驴肉应给人以紧致坚实的触感，而非松弛无弹性。检查口腔时，优选口唇活动轻盈、牙齿至少保留两颗，并且呈现为均匀分布的四六齿型的驴。这类驴的肉质不仅优良，烹饪后的口感也更为出众。

目前，关于不同品种驴的生长发育规律的研究还不够充分。现有资料显示，1 岁幼驹的体高、体重分别是成年时的 90％、60％，2 岁幼驹的体高、体重分别是成年时的 94％、70％，驴在出生后 1 至 1.5 岁期间具有很强的生长能力，但由于绝对体重较小，不宜用于肉用。对于育肥用挑选驴时，优先考虑 2 岁以内的健康驴作为理想选择。1 岁幼驹的体高、体重分别是成年时的 90％、60％，2 岁幼驹的体高、体重分别是成年时的 94％、70％，从出生到 2 岁，每增重 1 kg 所消耗的饲料是最少的，因此在这一阶段育肥，经济上最合算。选择驴驹时，务必注重其体格的均匀发展。过高、过矮或过胖的体形都可能增加饲养过程中的怀孕难度和难产风险。如果倾向于购买较大的驴驹，建议选择体重不低于 200 kg 的个体，同时确保它们不过度肥胖，维持在约 7 成膘的状态最为适宜。最佳购买驴苗的时间在 11 月中旬至次年 2 月，此时牧草已收获充沛，不仅确保了充足的食物来源，而且草料价格更为经济合理。此外，此阶段市场上的驴苗供应达到高峰，选择空间大，有利于买家购买。

对于种驴的选择，宜选择年龄在 2 岁以上的驴，前躯胸廓宽而深，背部长且平宽，后躯丰满挺拔，四肢骨骼坚实，展现出良好的肌肉发育与力量，腹部紧实而不显臃肿，显示出消化系统的良好状态与理想的体脂分布，尾根位置适中偏高，无任何影响站立或行走的不良姿态，如"卧系"等缺陷。生殖器官方面，公驴睾丸饱满；母驴则以适度大小的臀部及微微下垂的腹部为佳，这样的结构有利于分娩的顺利进行。

（二）健康鉴别

在进行交易市场中的驴只买卖时，首要考虑的是驴的健康状况。健康驴整体表现为皮毛闪耀着光泽，精神奕奕，进食时咀嚼草料强劲有力，双耳直立，警觉而充满活力。当遇到母驴或陌生人时，公驴会表现出明显的兴奋状态，频繁发出响亮的鸣叫声。其排泄物质地适中，外表既光滑又带有一定的湿度，显示出消化系统的良好状态。呼吸顺畅自然，饮水与进食均维持在正常水平，进一步体现了它良好的健康状况。患病的驴往往表现出以下几个显著特征。

1. 情绪低落与行为迟缓

驴显得无精打采，常常低头静立，耳朵松弛下垂，对外界刺激的反应变得缓慢，即便轻微推动也显得动力不足。

2. 外表征兆与疾病迹象

观察患病驴的体表可见其皮肤干燥、毛发杂乱无章。呼吸系统出现问题的驴，会表现出鼻孔张大、呼吸急促，伴有咳嗽、鼻涕流淌和泪眼汪汪等症状。

3. 消化系统异常

可通过留意其饮食和排泄习惯来识别，若发现驴饮水或进食减少，排便稀疏且肛周附有粪便痕迹，甚至毛发间也夹杂粪便，这通常是腹泻的表现。另一种情况是驴试图排便却难以成功，常躺卧，尾部高抬模拟排便动作，且臀部周围因长时间摩擦出现无毛地带，这可能是便秘或结肠梗阻的信号。

综合运用上述观察方法，尽可能做到科学有效地评估驴的整体健康状态。

主要参考文献

陈溥言，2011. 兽医传染病学 ［M］.5 版 . 北京：中国农业出版社 .

侯文通，2019. 驴学 ［M］. 北京：中国农业出版社 .

胡元亮，2019. 中兽医验方与妙用精编 ［M］. 北京：化学工业出版社 .

刘钟杰，许剑琴，2020. 中兽医学 ［M］.4 版 . 北京：中国农业出版社 .

陆承平，2010. 兽医微生物学 ［M］.4 版 . 北京：中国农业出版社 .

秦晓冰，2016. 马疫病学 ［M］. 北京：中国农业大学出版社 .

杨英，2022. 马病诊治彩色图谱 ［M］. 北京：化学工业出版社 .

张伟，刘文强，王长法，2020. 画说驴常见病快速诊断与防治技术手册 ［M］. 北京：中国农业科学技术出版社 .

张伟，王长法，黄宝华，2018. 驴养殖管理与疫病防控实用技术 ［M］. 北京：中国农业科学技术出版社 .

钟秀会，2010. 中兽医手册 ［M］.3 版 . 北京：中国农业出版社 .

Frape D，2016. 马营养与饲养管理 ［M］.4 版 . 北京：中国农业出版社 .

Kahn C M，Line S，2011. 默克兽医手册 ［M］. 张仲秋，丁伯良，译 .10 版 . 北京：中国农业出版社 .

Liu C，Guo W，Lu G，et al，2012. Complete Genomic Sequence of an Equine Herpesvirus Type 8 Wh Strain Isolated from China ［J］. Journal of Virology，86（9）：5407.

Rose R J，Hodgson D R，2008. 马兽医手册 ［M］. 汤小朋，齐长明，译 .2 版 . 北京：中国农业出版社 .

Virmani N，Singh B K，Gulati B R，et al，2008. Equine influenza outbreak in India ［J］. The Veterinary Record，163（20）：607－608.

图书在版编目（CIP）数据

驴病学 / 刘文强等著. -- 北京 ：中国农业出版社，
2024. 12. -- ISBN 978 - 7 - 109 - 32936 - 2

Ⅰ. S858.22

中国国家版本馆 CIP 数据核字第 2025ZH3289 号

驴病学
LÜBINGXUE

中国农业出版社出版
地址：北京市朝阳区麦子店街 18 号楼
邮编：100125
责任编辑：廖　宁　牟芳荣
责任校对：王　晨　责任校对：吴丽婷
印刷：中农印务有限公司
版次：2024 年 12 月第 1 版
印次：2024 年 12 月北京第 1 次印刷
发行：新华书店北京发行所
开本：787mm×1092mm　1/16
印张：9.5
字数：185 千字
定价：68.00 元